구획화재의 이해와 전술

실화재훈련 CFBT 이론

임주열

박영사

머리말

소방관으로서 화재로부터 주민과 재산을 보호하거나, 기업체 자체소방대원으로서 그들의 일터를 지키는 것은 안전하고 행복한 삶의 추구라는 인류의 오래된 욕구의 전형이 아닐까 생각됩니다. 아주 오래전에는 거친 자연환경 속에서 자신의 생명을 지키고 종족을 유지하기 위한 최소한의 안전이었다면, 문명과 산업의 발달이 가져온 위험의 규모에 맞서야 하는 지금의 안전은 인간의 기본 욕구를 뛰어넘어 삶의 질까지도 결정하는 필수조건이 되었습니다.

소방대원이 마주하는 현장은, 그동안 경험으로 어깨너머 배워왔던 테크닉만으로는 시민은 물론, 대원의 안전까지도 담보할 수 없는 전장(戰場)이 되었습니다. 이제는 우리가 맞설 화재의 속성을 좀 더 깊이 들여다볼 필요가 있습니다. 연소이론에 기반한 전술을 도모하고 현장을 예측하는 능력을 키워야 합니다. 그렇다고 화재공학 전문서적을 펼쳐보라는 것은 아닙니다. 다만, 경험의 답습에서 벗어나 과학적인 사고방식을 가져야 할 필요가 있습니다.

소방은 현장이 중요한 만큼 이론과 실험으로 뒷받침된 과학적 근거라는 보편적 사실을 이해하고 익혀야 할 필요성이 큰 분야입니다. 더욱이 소방의 무대는 매번 똑같은 현상을 기대할 수 있는 현장이 아닙니다. 상황에 따라 그 양상이 크게 달라지는 매우 역동적인 성질을 가지고 있기에 화재를 진압하는 소방관은 과학에 기초한 화재의 성상이나 변화를 파악하는 것이 매우 중요합니다. 최근 국내에서 인기가 상승하고 있는 CFBT(Compartment Fire Behavior Training)의 중요성이 바로 여기에 있습니다.

실화재훈련 CFBT 이론

본 책은 화재역학과 연소이론에 기초해 구획화재에서 발생하는 현상들을 쉽게 이해할 수 있도록 설명하였고 화재현장에서 구현할 수 있는 화재진압 전술의 이론적 바탕을 제공하기 위한 목적으로 탄생되었습니다. 화재진압 전술의 기초이론 제공뿐만 아니라 전국 7만여 소방관과 기업체 자체소방대원의 안전을 지켜줄 지침서로 사용하기에도 부족함이 없으리라 생각됩니다.

최근 화재현장에서 소방대원이 사망하거나 부상을 입는 사고가 줄지 않고 있습니다. 반복적인 기술 습득만으로는 부족합니다. 테크닉과 아울러 화재의 특성을 좀 더 깊이 꿰뚫어 볼 줄 아는 이론적 지식도 쌓아야 합니다. 물론 이 책 한 권으로 모든 화재현상의 이론과 지식을 담아낼 수는 없습니다. 그러나 화재역학의 기초가 되는 기초이론과 구획화재 현상에 대한 이해를 바탕으로 주수기법과 배연 그리고 진압전술 등에 대해 살펴보고자 노력하였습니다. 이러한 기초는 실화재훈련에 참여하는 훈련생으로 사전에 받아야 하는 교육내용일 뿐만 아니라 불과의 전장에 나서는 소방대원이면 반드시 갖춰야 할 무기이자 방패가 될 것입니다.

현장에서 목숨을 잃거나 부상을 입는 동료가 더 이상 생겨나지 않기를 간절히 기대해봅니다.

2023. 2. 1.

임 주 열

차 례

119

실화재훈련 CFBT 이론

03 장
구획화재 거동(Compartment Fire Behavior)

119

● 실화재훈련 CFBT 이론

06 장
벤틸레이션(Ventilation)

07 장

구획실 진입(Door Entry and Attack)

01

실화재훈련
(Live Fire Training)

실화재를 이용한 **CFBT(Compartment Fire Behavior Training)**가 유행하고 있다. 구획실에서 발생하는 화재의 다양한 성상과 현상에 대한 이해와 대처능력을 키워 안전사고를 방지하고 효과적인 화재진압을 목표로 하는 **구획화재성상훈련**이다. 그러나 CFBT의 'B'는 '행동'의 뜻을 가진 Behavior의 첫 글자다. 그동안은 정적인 개념의 화재성상으로 이해했지만, 최근에는 화재의 역동적인 변화에 중점을 둔 **화재행동** 또는 **화재거동**으로 해석하는 사례가 늘고 있다.

실화재훈련(Live Fire Training)

1.1. 실화재(Live Fire)

사람의 의도에 반하거나 고의에 의해 발생하는 연소현상으로서 소화시설 등을 사용하여 소화할 필요가 있는 것을 화재라고 한다. 그러나 훈련을 위해 의도적으로 발생시키는 화재가 있는데 바로 소방관들의 실전훈련에 사용하는 실화재다. 최근 국내에서 시·도마다 앞 다투어 설치하고 있는 실화재훈련장에서 연출하는 화재다. 화재가 제어되지 않는 상태의 연소반응이라면, 실화재훈련의 화재는 관리와 통제가 가능한 것이어야 한다. 통제를 벗어난다면 훈련생들의 안전사고로 이어질 수 있는 위협적인 존재이기 때문이다.

실화재(Live Fire)는 Live Burn Policy[1]에서 다음과 같이 정의한다.

Any unconfined open **flame** or **device** that can propagate fire to the building, structure, or other combustible materials.

---

1) Live Fire Burn Policy, Maine Fire Service Institute, 2019/Section3 Definitions

실화재는 건물이나 구조물 그 밖의 가연물에 화재를 전파시킬 수 있는 **화염**(flame)과 이를 발생시키는 **장치**(device)를 포함한다. 이때의 화염은 고체는 물론 액체나 기체의 가연성 물질을 연료로 발생하는 화재여야 한다. 재개발 지역 등에서 기증받은 실제 건물을 활용하는 경우 건물에 사용된 건축재나 마감재가 연료로 사용될 수 있고, 실화재훈련 전용 건축물인 경우에는 목재나 LPG 등의 가스연료를 사용할 수 있다. 그리고 옥외에 설치되는 자동차나 공장설비 등의 모형장치는 가스는 물론 가연성 액체연료를 사용하기도 한다.

또한 NFPA[2]는 실화재를 열부하와 유독성 연소생성물이 발생하는 것으로 개인보호장비(Personal Protective Equipment)를 필수로 요구하고 있다. 고온 환경의 조성과 유독물질의 발생은 방화복과 공기호흡기의 착용이 필수인 만큼, 훈련에 참가하는 소방대원에게 실전과 같은 경험을 제공한다.

1.2. 실화재훈련(Live Fire Training Evolution)

영어권에서 훈련이라는 뜻으로 여러 단어가 사용된다. 보통 훈련이라면 Training[트레이닝]이라 하지만, 절차 등의 반복·숙달을 위한 것이라면 Exercise[엑서사이즈]라고 한다. 예를 들어, 우리나라와 미국의 합동군사훈련인 을지프리덤가디언 훈련을 Eulji Freedom Guardian Exercise라고 한다. 그리고 장비의 사용법이나 세부적인 테크닉을 몸에 익히는 훈련은 Drill[드릴]이라고 한다. 손에 익힌다는 뜻으로 실습과 실전훈련은 Hands on drill[핸즈온 드릴]이라고도 한다. 그러나 모든 영어권에서 동일한 용어를 사용하는 것은 아니다. 나라 또는 지역의 문화와 특성에 따라 차이가 있기 마련이다.

실화재훈련은 영어권에서 Live fire training이라고 한다. 그런데 실화재훈련

---

2) NFPA: 미국방화협회(National Fire Protection Association)의 약칭으로 화재 등의 위험과 경제적 손실을 예방하기 위한 다양한 표준을 제공하고 연구하는 비영리 단체.

🏃 그림 1-1   볼더 소방서 추모비(RICK LUEBKE PHOTO ©)

의 표준을 다루는 NFPA 1403은 여기에 evolution을 붙여 Live Fire Training Evolution이라고 한다. 왜 Training 뒤에 진화라는 뜻을 가진 Evolution을 붙였을까? NFPA 1403은 Evolution을 효과적인 화재현장 활동을 목적으로 사전 정의된 일련의 행동절차로 정의하고 있다. 즉, Training evolution은 작전이나 활동에 대한 참가자들의 역할이 변경되는 일련의 훈련과정을 뜻한다. 참가자들은 훈련과정을 통해 주어진 역할을 수행하고 주어진 상황이나 조건의 변화에 따라 그 역할이나 임무를 수정해 나가는 것으로 우리의 **전술훈련**보다 한 단계 발전된 훈련이다. 훈련을 통해 참가자의 능력을 진화시켜가는 것이라 생각하면 그 이름에 주어진 무게감이 남다른 것을 알 수 있다. 그러나 우리나라에서는 '실화재훈련 진화'라는 말이 익숙하지 않다. 실화재를 이용한 훈련은 전술뿐만 아니라 화재성상 체험이나 주수기법 등의 기본훈련도 포함하므로 넓은 의미의 **실화재훈련**이라고 옮기는 것이 좋을 것 같다.

실화재훈련에 대한 국제적인 표준인 NFPA 1403 Standard on Live Fire

Training Evolutions는 1986년에 제정되었다. 그 배경에는 1982년 미국 보울더市에서 실화재훈련 중 두 명의 소방관이 사망한 안전사고가 있다. 당시 4명의 소방관이 기증받은 폐건물에 실화재훈련을 하고 있었다. 건물은 그 자리에 콘도를 지으려던 개발업자가 기증한 차고 건물이었다고 한다. 그러나 훈련 중에 당시 30세였던 William J. Duran과 21세였던 Scott L. Smith는 예상보다 빠른 불길에 빠져나오지 못하고 목숨을 잃었고 나머지 두 명도 큰 중상을 입었다. 당시 폐차고 안에는 엔진오일과 폐타이어가 있었는데 이들이 화재를 키웠고 생각보다 빠른 속도로 천장재로 화재가 확대되면서 발생한 사고였다. 다른 펌프차량과 대원의 지원이나 대기 없이 당시 훈련 참가자는 4명이 전부였다.

이 사고를 계기로 실화재훈련에 대한 기준정립이 필요함을 인정하게 되었고 위원회가 발족되어 실화재훈련에 대한 기준을 논의하기 시작하였다. NFPA 1403은 그렇게 탄생하였다.

NFPA 1403은 훈련 시 안전점검관을 두도록 하였고 허용되는 가연물의 유형, 교관의 임무와 화재진압팀의 역할을 명확히 하였으며 안전을 위해 모든 실화재훈련 시 준수해야 하는 표준이 되었다. 2018년 개정판에는 소방관의 부상과 건물손상을 제한하기 위해 각 화재실마다 화재계획이 있어야 한다는 새로운 요구사항이 추가되었다. 대부분의 소방서는 이 NFPA 기준에 기초하여 실화재훈련 표준운영절차(SOP)를 두고 있다.

1.3. 사전 필수교육(Prerequisites)

2018년 개정된 NFPA 1403이나 미국의 Main Fire Service Institute에서 정하고 있는 실화재훈련 정책[3]에 따르면, 사전에 화재성상 등의 관련주제에 대한 이론교육을 받은 대원만이 실화재훈련에 참여할 기회가 제공된다. 이론교육은

---

3) Live Fire Burn Policy, Main Fire Service Institute, 2019.

대략 아래와 같은 내용으로 구성된다.

1) 화재 역학(Fire Dynamics)

- 연소의 정의와 구성요소
- 플래시오버 발생 조건
- 전도, 대류, 복사의 열전달 메커니즘
- 화재역학 관련 용어 및 기본 개념

2) 화재거동 또는 화재성상(Fire Behavior)

- 연소와 관련된 기본적인 화학적·물리적 과정
- 기체, 액체 및 고체 연료의 연소과정
- 연소열과 열방출률의 개념
- 연료·산소 혼합기의 연소에 대한 영향

3) 구획실 화재의 성장(Compartment Fire Development)

- 구획화재의 성장과 연소 확대
- 화재성장에 영향을 미치는 요소
- 연료지배형 화재와 환기지배형 화재
- 내용물 화재에서 구조체 화재로의 전환
- 플럼, 천장제트, 중성대, 플로우 패스, 중력류 등 관련 용어
- 구획화재 영향요소(연료, 구획실 부피, 환기구 특성 등)
- 플래시오버, 백드래프트, Smoke Explosion 발생 메커니즘
- 계획되지 않은 배연과 전술적 배연(ventilation)

4) 주수기법과 도어 엔트리(Nozzle Control & Door Entry)

- 표면냉각과 기상냉각
- 간접공격(Indirect attack)과 직접공격(Direct attack)

- 상황판단(Size-up) 및 평가지표 BE-SAHF[4]
- 도어 콘트롤 및 화재가스(Fire gas) 냉각
- 도어 엔트리 및 도어 콘트롤(Door control)

5) 보건 및 안전(Health & Safety)

- 개인안전장비의 구성 요소
- 보호복과 개인안전장비의 능력과 한계

위에 언급한 다섯 가지 과목의 내용은 제2장부터 제8장에 이르기까지 앞으로 다루게 될 것이다. 이 책은 실화재훈련과 구획화재에 대한 폭넓은 지식을 습득하는 기회를 제공할 것이다.

1.4. 교관단 구성(Staffing Requirements)

실제 화재를 발생시키는 훈련은 안전상의 이유로 비화재 훈련보다 더 많은 교관이 필요하다. 실화재훈련의 기준을 정하고 있는 NFPA는 교육생과 강사의 비율을 5:1 수준으로 권장하고 있는데, 교관과 조교로 구성되는 강사의 비율이 높은 데는 이유가 있다.

건물화재의 실화재훈련은 공격(Attack)팀과 지원(Backup)팀으로 편성하여 진행하는데, 전체 훈련과정을 통제하는 교관과 팀별 교관이 1명씩 필요하다. 만약 가스연료를 사용하는 시설이라면 시스템을 제어하고 조작하는 조교도 필요하고, 고가사다리차를 이용한 인명구조나 배연(Ventilation) 기능 등을 추가할 때마다 여기에 별도의 조교가 배정되어야 한다. 미국 Maine Fire Service의 실화

---

4) 화재상황 확인과 판단에 사용되는 지표로서 Building, Environment, Smoke, Air track, Heat, Flame을 뜻한다.

재훈련지침[5]을 보면, 각 기능별로 담당 강사를 두도록 원칙을 정하고 있다.

Live Fire Training Staffing Requirements
- 학생 대 강사 비율 5:1 유지
- 각 기능별 팀당 강사 1명
- 모든 호스 라인(hose lines)에 자격 있는 강사 1명 배정
- 백업 라인(backup lines)에 추가 인력 배치
- 추가기능 할당(functional assignment) 마다 자격 있는 강사 1명

1.4.1. 실화재 교관(Live Fire Instructor)

NFPA 1041[6]에 따르면 Instructor(교관)는 I부터 III까지 3단계의 레벨을 두고 있다. Instructor I은 교육보조 도구와 평가도구를 이용한 효과적인 강의전달 지식과 능력을 보유하고 교육계획 조정, 학습환경 정비 등의 임무를 수행한다. Instructor II는 레벨 I의 자격 요건 외에도 학습목표를 포함한 특정 주제에 대한 개별 강의계획을 개발하고 교육일정 수립, 다른 강사의 활동을 감독 및 조정한다. 최상위 단계인 Instructor III는 포괄적인 교육 커리큘럼과 프로그램을 개발할 수 있는 지식과 능력을 갖추고, 조직의 수요분석, 교육일정 설계, 교육목표 및 구현전략 개발을 담당한다.

실화재훈련에 대해서는 위의 3단계 구분과 별도로 실화재 교관(Live Fire Instructor)과 실화재 책임교관(Live Fire Instructor in Charge) 두 종류의 교관을 두고 있다. 실화재 교관(Live Fire Instructor)은 실화재훈련 중 훈련생에 대한 감독이 주 임무가 되고, 실화재 책임교관(Live Fire Instructor in Charge)은 실화재훈련 전 과정의 책임자로서 그에 따른 훈련과 경험이 있는 사람이 맡게 된다. 이들의 자격조건과 임무는 [표 1-1]과 같이 정리할 수 있다.

---

5) Live Fire Burn Policy, Maine Fire Service Institute, 2019.
6) NFPA 1041 Standard for Fire Service Instructor Professional Qualifications, 2019 Edition.

 표 1-1 실화재 교관(Live Fire Instructor) 자격요건 및 주요임무

구분	실화재 교관	실화재 책임교관
자격요건	Instructor I	Instructor II, Live Fire Instructor
훈련 전 임무	• 개인보호장비(PPE) 착용상태 점검	• 사전 계획(pre-burn plan) 수립 • 사전 점검(pre-burn inspection) 수행 • 훈련에 필요 수원량 계산 등
훈련 중 임무	• 구획화재 성장 및 플로우 패스, 플래시오버, 롤오버, 백드래프트 예측 • 실화재훈련 참여 그룹 감독 • 대원 진출입 확인 및 보고 • 훈련생 모니터링 및 보호	• 교육 과제 및 임무 식별 및 할당 • 사전 브리핑(pre-burn briefing) 실시 • 참가자 보호를 위한 교육환경 유지
훈련 후 임무	-	• 사후 브리핑(post-burn briefing) 실시 • 사후 훈련시설 및 장치 점검 • 훈련 기록 및 보고서 작성

1.4.2. 안전점검관(Safety Officer)

강사진에는 포함되지 않지만, 전체 훈련 과정의 안전을 책임지고 교관을 보좌하는 안전점검관과 훈련 중 발생할 수 있는 위급한 상황에 대비할 수 있는 신속동료구조팀을 두어야 한다.

안전점검관(Safety Officer)은 책임교관 또는 관할지역의 실화재훈련 담당 부서의 장이 지정 또는 임명하는 사람이 맡게 되며, 전체 실화재훈련 과정이 SOP 등 관련규정의 준수하에 진행되는지 감독하고, 훈련에 관련된 모든 사람들의 안전과 복지에 대한 책임을 지게 된다. 또한 안전점검관은 해당 실화재훈련 중에 발생하는 사항에 대해 책임교관에게 보고할 의무가 있지만, 훈련 중 안전상 위협이 되거나 다른 환경적 위험이 발생할 것으로 판단되는 경우 훈련을 중지시킬 수 있는 독단적인 권한을 부여받는다.

안전점검관(Safety Officer)의 자격
- 진행되는 교육·훈련 과목에 대한 자격 보유
- 해당 과목에 대한 관련 근무경력과 경험 보유
- 실화재 장치와 안전장치에 대한 충분한 실전지식 보유
- 훈련장 안전 계획(Plan)에 대한 깊은 지식 보유
- 관할 지역의 규칙 또는 SOP 숙지

　　신속동료구조팀(RIT, Rapid Intervention Team)은 화재현장에서 대원의 생명이 위급한 상황이 발생할 경우, 긴급히 투입되어 동료를 구출하는 임무를 가진 팀이다. 미국은 화재현장뿐만 아니라 실화재훈련 시에도 훈련 중 발생할 수 있는 안전사고를 대비하기 위해 **신속동료구조팀**을 대기시킨다. 가스 및 온도감지 시스템과 안전시스템을 갖춘 가스연료 실화재훈련시설의 경우를 제외하고, A급 고체 가연물이나 B급 인화성 액체를 연료로 사용하는 모든 실화재훈련은 2명으로 구성된 신속동료구조팀을 운영한다.

　　호주도 Safety Team이라고 부르는 비슷한 조직을 운영하는데 실화재훈련의 종류에 따라 구성이나 임무가 조금씩 다르다. 호주 NSW Fire Service[7]의 경우, 사용하는 연료와 훈련의 종류에 따라 1명 내지 3명으로 구성된 Safety Team을 두고 있다. 아울러 목재 등 고체연료를 사용하는 실화재훈련은 360LPM의 유량을 방수할 수 있는 수관을 충수된 상태로 준비시키고, B급 연료(인화성 액체)를 사용하는 실화재훈련은 동일한 유량의 포수용액을 방수할 수 있도록 대비하고 있다.

---

7) 호주 New South Wales(뉴 사우스 웨일즈) 주(州)의 소방당국. 이민자들이 처음 정착해 도시를 형성한 지역으로 가장 많은 인구가 살고 있으며 시드니가 위치하고 있다.

1.5. 실화재훈련시설(Live Fire Training Facilities)

초기의 실화재훈련은 기증받은 폐건물 등에 고의로 불을 내어 진행하는 훈련이 대부분이었다. 건물의 종류는 다양했으나 잠재위험에 대한 충분한 인식 없이 진행하는 경우가 많았고, 일관된 기준이나 절차 없이 진행하다보니 그만큼 안전사고도 많았다.

특히, 사용연료의 특성과 위험성에 대한 인식이 높지 않았던 초기에는 인화성 액체를 실화재훈련에 많이 사용하였다. 하지만 연소속도가 빠른 액체연료는 실내화재 훈련에는 적합하지 않았고, 훈련 시 발생하는 연기와 유해물질에 대한 민원도 적지 않았다. 지금은 가스연료를 활용한 훈련시설이 개발되었고, 목재연료를 사용하는 경우 집진설비를 설치하는 등 환경적인 부분에서 많은 개선이 이루어졌다. 그러나 무엇보다도 훈련에 참가하는 대원의 안전 확보를 위한 안전장치와 시스템의 구축이 가장 큰 발전이라 할 수 있다. 그러한 노력들은 NFPA 1402 표준에 많이 녹아있다.

오늘날 훈련시설에 대한 표준은 독일의 DIN[8])과 미국의 NFPA 표준이 세계적으로 통용되고 있다. 유럽은 EU 기준을 따로 채택하진 않고 독일의 코드인 DIN 14097 Fire Brigade Training Facilities를 널리 인정하고 있다.

한편 미국은 NFPA에서 제정한 NFPA 1402 Standard on Facilities for Fire Training and Associated Props 표준이 있다. 훈련시설 및 장치에 대한 표준으로서 권장기준이지만, 거의 모든 지방정부에서 의무규정으로 채택하여 적용하고 있다. NFPA 1402는 실화재훈련뿐만 아니라 전문구조기술 훈련과 화재조사 훈련에 사용되는 구조물과 장치의 설계, 제작·설치 및 유지관리에 대한 표준을 다루고 있다. 실화재훈련시설은 크게 세 가지로 분류할 수 있다.

---

8) 독일의 국가표준을 만드는 독일표준협회(Deutsches Institut für Normung)의 약칭. DIN은 독일의 표준이지만 유럽이나 국제표준으로 통용되는 경우가 많다. 종이의 크기를 나타내는 A3, A4와 같은 크기도 원래 DIN 476 표준이었다고 한다.

- **취득 건축물**(Acquired Structure): 실화재훈련을 수행할 목적으로 소유자로부터 소방당국이 매입하거나 기증받은 건물 또는 구조물
- **실화재훈련 건축물**(Live Fire Training Structure): 반복적인 실화재훈련을 수행하기 위한 전용의 건물 또는 구조물
- **실화재훈련 장치**(Live Fire Training Prop): 반복적으로 실화재훈련을 수행하는 데 사용되는 훈련용 장치 또는 소품

실화재훈련 건축물은 콘크리트조, 조적조, 철골조와 같은 건물형태로 만들어지는 실화재훈련 전용 건축물과 실화재훈련을 위해 특수 제작된 컨테이너형 구조물(플래시오버 셀, 백드래프트 셀, 어택 셀 등)로 구분한다. 컨테이너형 구조물은 지면에 정착되는 것뿐만 아니라 아래와 같이 모바일 장치(mobile props)로 제작되는 고정식 구조물도 포함한다.
(1) 분해 후 다른 장소로 이동할 수 있는 사전 설계된 금속 구조물
(2) 실화재훈련을 위해 하나 이상의 컨테이너를 조립해 만든 단층 또는 다층 구조물

취득 건축물은 주거 또는 상업용도로 사용하던 폐건물을 기증 등의 절차를 거쳐 취득한 시설이다. 가장 실전에 가까운 훈련을 수행할 수 있지만 그만큼 가

 그림 1-2 모바일 훈련장치

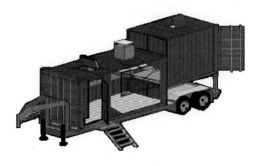

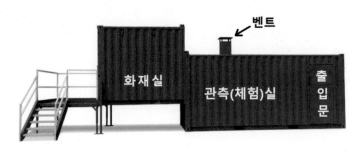

그림 1-3　플래시오버 셀

벤트

화재실　관측(체험)실　출입문

장 위험한 훈련이기도 하다. 또한 환경오염도 심해 사전에 환경당국의 허가를 받아야 하고, 건축물의 조건에 따라 별도의 준비와 계획이 필요하다. 반면, 실화재훈련용 건축물은 실화재 발생장치가 각종 안전장치와 함께 시스템화되어 있어 사전 준비가 수월하고 훈련 후 잔재물도 적어 친환경적이다. 무엇보다도 1회 훈련으로 그치는 취득 건축물과 달리 반복사용이 가능하다.

　　우리나라에서 실화재훈련의 화재는 목재 또는 가연성가스를 연료로 하여 구현하는 실제 화재로 정의하고 있다.[9] 그러나 외국의 실화재훈련은 목재와 가연성가스에 한정하지 않고 다양한 연료를 사용하여 실제 화재를 구현한다. 실제 건물에 불을 내어 훈련을 하는 것을 제외하고, 실화재훈련에 사용되는 연료는 크게 가스(Gas)와 비가스(Non‒Gas) 연료로 구분한다. 고체 연료는 오래전부터 목재나 건초더미를 많이 사용해 왔고 최근에는 MDF, OSB[10] 등 목재성분의 A급 가연물이 많이 사용되고 있다. 그러나 A급 가연물은 연기와 함께 독성물질인 열분해 생성물이 많아 인체와 환경에 적지 않은 문제를 발생시킨다. 집진 및 정화설비 등이 갖추어지고 있지만, 최근에는 A급 고체 연료보다는 완전연소가 가능한 가스연료(LPG)를 이용한 훈련시설이 증가하고 있다. 액체연료는 실내훈

---

9) 소방 보건관리 표준지침 제정안, 소방청, 2022. p.3.

10) OSB(Oriented Strand Board): 일명 파티클보드라고 불리는 것으로 접착제를 이용해 목재칩을 수직으로 압착해 만든다. 그동안 실화재훈련에 많이 사용해왔으나 발암물질이 다량 함유되어 있어 최근 훈련용 연료의 퇴출이 거론되고 있는 제품이다.

표 1-2 실화재훈련용 연료 비교

구분	고체 연료(Class A)	액체 연료(Class B)	가스 연료(Gas)
종류	목재파레트, OSB, MDF, 건초더미	4류 위험물	LNG 또는 LPG[1]
장점	• 플래시오버 구현이 가능하다. • 건물자체는 착화되지 않고 연료만 연소시킨다. • 실제 건물화재보다는 독성가스 발생이 적다.		• 다른 연료에 비해 가장 안전하다. • 완전연소로 독성가스 발생이 없다. • 연료차단이 용이하다. • 훈련 로테이션이 빠르다. • 훈련준비 소요시간이 짧다.
단점	• 고온의 환경이 조성된다. • 독성가스 발생량이 많다. • 환경영향이 크다. • 훈련 후 잔재물이 남는다.		• 화염확산이 제한적이다. • 별도의 연기발생장치가 필요하다. • 화염이 빠르게 사라진다. • 설치 및 유지관리 비용이 고가

주: 1) LNG보다 발열량이 우수한 LPG를 실화재훈련에 많이 사용한다. 그러나 LPG는 공기보다 무거워 누출 시 훈련실 내에 축적되기 쉽고 폭발위험성이 더 큰 단점이 있다.

련에는 사용하지 않고 석유화학장치와 같은 옥외 훈련시설에 많이 사용한다.

 그림 1-4 고체연료를 사용하는 미국 Brayton Fire Training Field의 일반건물화재 훈련장

🏃 그림 1-5 가스연료(LPG)를 사용하는 싱가포르 Home Team Tactical Center의 Diamond 석유화학플랜트 훈련장

🏃 그림 1-6 액체연료(나프타)를 사용했던 구. SK가스 소방훈련장

최근 실화재를 이용한 CFBT(Compartment Fire Behavior Training, 구획화재성상 훈련)이 화두가 되고 있다. 구획실 화재에서 발생하는 다양한 화재현상에 대한 이해와 대처능력을 키워 대원의 안전사고 방지와 효과적인 화재진압을 목표로 하는 훈련이다. CFBT 훈련은 크게 데모(Demo)와 어택(Attack)으로 구분한다.

데모(Demo)는 플래시오버, 연기 이동경로(Flow path), 중성대, 화재가스 발화(Fire Gas Ignition), 백드래프트 등 구획화재의 특수현상을 몸으로 익히는 일종의 체험훈련이고, 어택(Attack)은 펄싱 등의 주수를 통한 기상냉각, 도어 엔트리와 배연 등의 전술을 터득하는 훈련이다. CFBT는 보통 철재 컨테이너를 기반으로 제작된 시설을 활용한다. 중앙소방학교와 같이 콘크리트로 건립되는 훈련시설도 있으나(그림 1-7 참조), 콘크리트는 화재초기 축열 때문에 플래시오버 발생이 늦어지고, 습도와 기온 등에 따라 화재성상이 영향을 많이 받기 때문에

 그림 1-7 중앙소방학교 CFBT 훈련장

CFBT 시설로는 잘 사용하지 않는다.

데모 훈련을 위한 컨테이너는 MDF 등의 고체연료를 연소시키는 화재실(Burn room)과 훈련생이 위치하는 관측실(Observation room)로 구성되는데 화재성상 구현과 안전을 위해 화재실과 관측실 사이에 단차를 두는 경우가 많다. 플래시오버 위주의 관측과 체험이 이루어지므로 **플래시오버** 셀로 불린다. 이와 달리 단차를 두지 않고 단일 구조의 컨테이너로 만들어지는 **백드래프트 셀**은 안전 등의 이유로 실내에는 관측실을 두지 않고(즉, 훈련생은 외부에서 관찰한다), 경첩이 달린 1제곱미터 정도의 창을 설치하거나 출입문을 상하로 분할하여 상부측의 창문을 개방시켜 공기유입과 백드래프트를 시연하므로 윈도우 컨테이너라고 불리기도 한다.

반면, **어택 셀**은 화재진압 공격(Attack) 전술연마를 위한 훈련시설이다. 따라서 펄싱 등의 주수에 따른 배수가 고려되어야 하고 비상탈출구 등의 안전장치들이 추가되어야 한다. 그리고 필요에 따라 T자, L자, H자 형태로 만들거나 복잡한 다층 구조의 **멀티 스토리**(Multi story) 구조로 만들어 팀단위 전술훈련 등 다양한 테마의 실화재훈련에 활용하고 있다.

 그림 1-8 CFBT 시설 구분

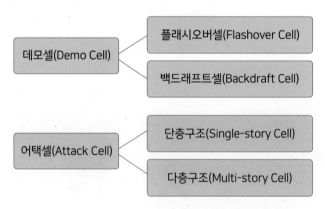

※ 어택셀은 형태에 따라 일자형, L자형, T자형, H자형으로 구분.

아일랜드 소방국의 CFBT 가이드[11])에 따르면 플래시오버 셀과 어택 셀의 컨테이너는 최소 1.3mm 이상의 강판으로 제작하되, 길이 13m, 너비 2.5m, 높이 2.5m의 규격을 가진다. 이는 선박용 40피트 컨테이너와 유사한 규격이다. 그러나 백드래프트 셀은 그보다 작은 20피트 규격의 컨테이너를 사용한다. 체적이 작은 공간이 미연소 가스의 축적에 유리하고, 공기유입에 걸리는 시간도 줄여줄 수 있어 백드래프트 발생조건을 만들기 쉽기 때문이다.

롤오버와 같은 화재현상을 구현하려면 컨테이너 상층부에 높은 온도의 연소가스가 충분히 축적되어야 한다. 고온의 열성층(Upper hot layer)을 형성하는 데는 일정시간이 소요된다. 특히 기온이 낮거나 비가 온 뒤, 컨테이너 위쪽에 빗물이 고여 있는 경우 그 시간은 더욱 길어진다. 그래서 습하고 기온이 낮은 지역의 경우 컨테이너 상부에 철재 지붕을 설치하는 경우가 많다. 이때는 벤트(배기구)를 컨테이너 상부에 설치하지 않고 측면에 설치한다.

 그림 1-9 플래시오버 셀(左-경기도소방학교, 右-강원도소방학교)

---

11) Guidance for Compartment Fire Behavior Training, National Directorate for Fire and Emergency Management, June 2010. p.7.4

🔥 그림 1-10   경기도소방학교 백드래프트 셀

🔥 그림 1-11   멀티스토리 셀

※ CFBT 실화재훈련

🏃 그림 1-12 백드래프트셀을 이용한 CFBT훈련(경기도소방학교)

🏃 그림 1-13 플래시오버셀을 이용한 CFBT훈련(세종소방본부)

🏃 그림 1-14 플래시오버셀을 이용한 CFBT훈련(강원도소방학교)

02

화재역학 기초
(Fire Dynamics)

너비 1.2m, 길이 2.4m의 합판을 연료로 실화재훈련을 하려고 한다. 플래시오
버 셀에는 높이 2.03m, 너비 0.9m의 개구부가 설치되어 있다. 플래시오버 발생
조건을 구현하려면 몇 장의 합판이 필요할까?(본문 연습문제4 참조)

화재역학 기초(Fire Dynamics)

연소는 가연물이 공기 중의 산소와 반응하여 열과 빛이라는 에너지를 방출하는 산화반응이다. 넓은 의미에서는 열과 빛을 수반하지 않는 것도 포함하지만, 일반적인 연소의 정의는 산화반응 중에서 열과 빛을 발생하는 것만을 뜻한다. 이러한 연소반응의 제어를 통해 가정과 산업에서 열원과 동력원을 얻을 수 있지만, 제어되지 못할 경우 소화가 필요한 화재가 된다.

2.1.1. 연소의 메커니즘

연소가 발생하려면 연료가 되는 가연성가스와 공기 중의 산소가 혼합된 상태(혼합기)에서 점화원에 의한 발화와 뒤이어 화학적 반응이 연쇄적으로 일어나야 한다. 이 반응으로 인해 발생한 열은 일정 온도 이상 가열되면서 주위의 또 다른 혼합기까지 발화하게 된다.

그림 2-1 불꽃연소와 작열연소 비교

불꽃연소 (기상연소)	↔	작열연소, 훈소 (표면연소)
표면화재		**심부화재**

연소는 크게 불꽃의 유무에 따라 **불꽃연소**(Flaming combustion)와 **작열연소**(Glowing combustion)로 구분한다. 불꽃연소는 기상반응으로 발생하기 때문에 연소할 때는 반드시 기체 상태가 되어야 한다. 다시 말해, 불꽃을 내며 연소하는 대부분의 화재는 고체, 액체, 기체 중 어떤 상태에서 시작하든 최종적으로 가연물이 가스로 변환되어야 함을 뜻한다. 이것은 화재진압을 위해 옥내로 진입하는 소방대원에게 아주 중요하다. 옥내엔 가스로 변환된 가연물이 넘쳐나고, 조건만 맞으면 언제든 발화할 수 있기 때문이다. 물론 가연성가스로 분해됨이 없이 고체 그 자체로서 연소하는 경우도 있는데, 이를 불꽃이 발생하지 않는 작열연소라고 하며 일반적으로 **훈소**라 부르기도 한다. 불꽃연소는 기상의 반응이지만, 훈소는 반응영역이 표면이므로 **표면연소**라고 할 수 있다,

이러한 연소 형태를 화재로 표현하면, 표면연소인 훈소는 가연물의 표면에서 심부로 진행하므로 심부화재가 되고, 불꽃연소는 표면을 통해 화재가 진행 및 확산되므로 표면화재라고 한다. 여기서 표면연소와 표면화재를 혼동하지 않도록 주의해야 한다.

불꽃연소와 작열연소는 메커니즘이 다르다. 불꽃연소는 연료가 분해되면서 발생한 가연성가스와 공기가 혼합된 후, 기상에서 연소라는 화학반응을 통해 연소생성물이 배출된다. 그 과정이 반복되는 연쇄반응이 수반되므로 냉각, 제거

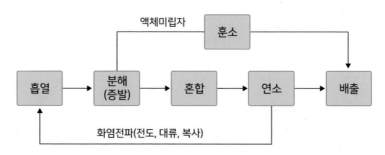

그림 2-2　연소의 메커니즘(불꽃연소와 훈소)

등의 물리적 소화뿐만 아니라 연쇄반응을 억제하는 화학적 방법으로도 소화가 가능하다.

　반면, 훈소는 분해가스가 혼합과 연소반응을 거치지 않고 바로 배출된다. 연소가 불완전하니 연소생성물보다는 분해생성물이 대부분이고, 열분해 후 온도가 낮아진 분해생성물은 응축을 통해 많은 독성물질을 함유하게 된다. 연쇄반응을 하지 않으니 연쇄반응을 억제하는 화학적 소화는 불가능하고 오로지 물리적 소화만 가능하다.

- 분해－액체라도 비점이 높으면 증발 전에 분해를 한다.
- 혼합－가연성기체 + 공기 → 가연성 혼합기 형성
- 연소－점화원 or 발화온도 이상시 연소
- 훈소－혼합과 연소과정을 거치지 않고 분해가스 배출
- 배출－불꽃연소는 연소생성물을, 훈소는 분해생성물을 배출

2.1.2. 완전연소와 불완전연소

　연소는 산소공급 조건에 따라 완전연소와 불완전연소로 구분할 수 있다. 완전연소는 산소공급이 충분하여 가연성 물질이 미반응 없이 모두 연소하는 것을 말한다. 연소효율이 좋은 혼합비에서 연소하기 때문에 연기 등이 투명하게 보일 때도 있다. 그리고 메탄과 같은 탄화수소계 연료는 산소와 고온에서 반응하여

이산화탄소(CO_2)와 수증기(H_2O)를 생성하고 화염은 푸른색을 띄게 된다.

$$C_mH_n + (m + \frac{n}{4})O_2 \rightarrow mCO_2 + (\frac{n}{2})H_2O$$

〈 탄화수소 완전연소 반응식 〉

- 메탄(CH_4)의 완전연소 반응식

$$CH_4 + (1 + \frac{4}{4})O_2 \rightarrow CO_2 + (\frac{4}{2})H_2O$$

$$CH_4 + 2O_2 \rightarrow CO_2 + 2H_2O$$

- 프로판(C_3H_8)의 완전연소 반응식

$$C_3H_8 + (3 + \frac{8}{4})O_2 \rightarrow 3CO_2 + (\frac{8}{2})H_2O$$

$$C_3H_8 + 5O_2 \rightarrow 3CO_2 + 4H_2O$$

불완전연소는 산소공급이 불충분할 때 발생하는 연소다. 산소가 부족하기 때문에 산화반응이 끝까지 완결되지 않아 일산화탄소(CO)나 그을음 등의 중간 생성물이 발생한다. 탄소 입자는 연소될 때 노란색의 화염을 만들지만 불완전 연소 시에는 그을음이 되어 검은색을 띄게 되고 발열량도 완전연소에 비해 줄 어든다.

메탄(CH_4)의 연소를 예로 들면,

- 완전 연소: $CH_4 + 2O_2$ (산소 충분) $\rightarrow 2H_2O + CO_2$
- 불완전 연소: $CH_4 + O_2$ (산소 부족) $\rightarrow 2H_2O + C$(탄소 그을음)

산소공급 상황에 따라 탄소와 결합할 수 있는 산소의 양도 달라진다. 탄소 원자(C)에 결합할 산소원자(O)가 충분하면 이산화탄소(CO_2)가 생성되지만, 불완 전연소 등으로 인해 반응하는 산소가 적으면 일산화탄소(CO)가 생성된다. 산소 공급이 충분한 연소는 연기가 엷고 화염은 밝은 색이지만, 산소공급이 부족하면 연기는 짙어지고 화염은 어두운 색으로 변한다. 우리가 현장에서 접하는 대부분의 화재는 불완전연소라고 할 수 있다.

가연물은 화학반응인 연소를 거치면서 질량이 감소한다. 연료의 질량이 줄어드는 것은 연료가 소모되면서 증발해버린 것처럼 보이지만, 실제로는 없어진 것이 아니라 에너지의 형태로 보존된다. 이것은 질량보존의 법칙 또는 에너지보존의 법칙으로 설명된다.

- 화학반응에서 반응 전 물질의 총질량과 반응 후에 생성된 물질의 총질량은 같다.[1]
- 에너지는 그 형태를 바꾸거나 다른 곳으로 전달할 수 있을 뿐 생성되거나 사라질 수 없다.[2]

질량과 에너지는 어느 쪽도 새로 만들어지거나 없어지지 않는다. 화재역학에서 이 법칙은 아주 중요하다. 연료의 질량이 줄어드는 것은 에너지가 빛이나 열의 형태로 변환된 것이다. 가지고 있는 잠재적 에너지가 많을수록 많은 양의 에너지가 열로 방출될 수 있으며, 방출되는 열량이 많을수록 화재를 제어하는 데 필요한 소화약제의 양도 많아져야 한다.

2.2. 연소의 4요소(Tetrahedron)

연소가 발생하기 위해서는 기본적으로 가연성 물질, 산소 그리고 점화에너지가 필요하다. 이를 **연소의 3요소**(Triangle)라고 한다. 그러나 이 연소를 지속하기 위해서는 연쇄반응이 필요한데, 이 연소반응을 더해 **연소의 4요소**(Tetrahedron)라고 한다.

---

1) https://www.scienceall.com/질량보존의-법칙law-of-conservation-of-mass/
2) https://ko.wikipedia.org/wiki/에너지_보존_법칙 (접속일: 2020. 8. 25.)

- 가연성 물질(연료)
- 점화원(열에너지)
- 산소공급원(산소)
- 연쇄 반응

 그림 2-3 연소의 4요소

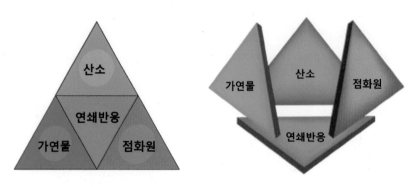

이 4요소 중 하나라도 부족하면 연소는 발생하지 않는다. 또한 이미 연소하고 있는 경우에도 4요소 중 하나를 제거하거나 억제하여 그 균형을 무너뜨리는 방법으로 소화가 가능하다. 연소의 4요소 중에서 연료, 공기, 열에너지 세 가지 중 하나 이상을 제거하거나 차단해 소화하는 것을 **물리적 소화**라고 하며, 네 번째 연쇄반응을 억제하는 소화방법을 **화학적 소화**라고 한다.

가연물 제거	→	제거소화		
산소 차단	→	질식소화	→	물리적 소화
열 차단	→	냉각소화		
연쇄반응 억제	→	부촉매 효과	→	화학적 소화

2.2.1. 가연성 물질

연소의 4요소 중 가연물은 연소과정 전반에 연료가 되는 물질이다. 지구상
에는 수많은 가연성 물질이 존재한다. 휘발유, 메탄가스, 목재, 석탄 등 유기화
합물의 대부분은 가연성 물질이다. 가연성 물질은 산화되기 쉬운 물질로 활성화
에너지가 작고 발열량이 큰 것이 연소에 유리하다. 철과 같이 반응열이 작은 것
은 가연성 물질에 포함되지 않는다. 그리고 H_2O, CO_2, SO_3 등 더 이상 산화반
응이 어려운 완전산화물질과 NOx(질소산화물)과 같이 흡열반응하는 물질과 He,
Ne, Ar 등의 불활성 기체는 가연물이 될 수 없다. 기체, 액체, 고체 상태에 따른
가연성 물질의 다양한 연소특성에 대해 알아보자.

2.2.1.1. 기체의 연소

기체의 연소는 가연성가스와 공기의 이상적인 혼합 여부에 따라 혼합연소
와 비혼합연소로 구분할 수 있다.

혼합연소는 가연성가스와 공기가 미리 혼합된 상태에서 연소하는 예혼합
연소를 말한다. 이상적인 혼합가스는 산소와 가연성가스의 농도가 균일하고 연

 그림 2-4 예혼합 연소

그림 2-5 확산 연소

소효율이 가장 좋은 비율로 혼합되어 있다. 또한 혼합연소는 매우 효율적인 연소라서 불꽃은 연청색으로 안정된 상태를 보이며 연기는 거의 발생하지 않는다. 도시가스와 프로판가스, 가솔린 엔진의 연소 등을 예로 들 수 있다. 이 혼합연소는 사전에 미리 혼합된 가스의 연소이므로 **예혼합연소**(Premixed combustion)라고 부른다.

한편, 비혼합연소는 가연성가스와 공기 중의 산소가 아직 혼합되지 않은 상태에서, 연소반응이 일어나고 있는 반응대로 확산하면서 연소하므로 **확산연소**(Diffusion combustion)라고 부른다. 성냥이나 양초, 알코올램프 등의 화염과 액면화재, 산림화재 등 대기압 상태에서 진행되는 자연화재의 대부분은 확산화염 형태를 가진다.

확산연소는 가연성가스와 산소가 농도 차이로 인해 서로 확산 및 이동하는 연소과정으로서 화염면은 확산이라는 과정을 통해 전파된다. 반면, 예혼합연소는 이미 연소가 가능한 농도가 조성되어 있으므로 확산과 이동의 과정 없이 화염은 자력으로 전파가 가능하다.

연소되지 않은 가연성가스의 탄소(C)는 산화될 때 노란색의 빛을 발하기 때문에 불꽃의 색은 노란색이나 주황색으로 보인다. 이 확산연소는 비효율적이

표 2-1 확산 연소와 예혼합 연소의 비교

구분	확산연소	예혼합연소
열방출 속도	낮다	높다
연소 확대	농도차에 의한 확산	화염면의 전파
재해 위험	복사열	과압(폭굉)
제어 방법	농도제어, 온도제어	불활성화

고 불완전한 연소로서 연기를 발생시키는데 연기 중에는 미연소 연료, 그을음 및 일산화탄소 등이 존재한다.

일반적으로 확산화염을 화재라고 하고, 예혼합화염을 폭발로 구분하기도 한다. 확산화염은 자력으로 화염면의 전파가 일어나지 않으나, 예혼합화염은 화염면에서 물적 조건과 에너지 조건이 만족되기 때문에 화염은 자력으로 전파하며, 여기에 충분한 압력이 축적되면 화염면에 충격파를 형성하고 폭연과 폭굉으로 발전할 수 있다.

2.2.1.2. 액체의 연소

액체의 연소는 증발연소, 분해연소, 액적연소로 구분한다. 액체연료가 연소하기 위해서는 먼저 가연성가스로 변환되어야 한다. 액체 자체가 연소하는 것이 아니라, 액면에서 증발한 가연성가스가 공기와 혼합되어 연소하는 것인데 이것을 **증발연소**라고 한다. 예를 들어 알코올램프는 액체의 알코올이나 심지가 타는 것이 아니라, 심지에서 증발한 알코올의 가연성가스가 연소하는 것이다.

글리세린이나 중유와 같이 분자량이 커서 비점(증발하는 온도)이 높은 물질은 증발하기 전에 열분해가 먼저 발생하기 때문에 **분해연소**라고 한다. 하지만 이것도 액체이기 때문에 나중에 증기가 발생하고 연소에 관여하는 것은 다를 바 없다.

점도가 너무 높은 비휘발성 액체인 경우, 이를 가열하여 점도를 낮추고 안개상으로 분사하여 연소시키는 **액적연소**가 있다. 분무연소라고도 하는데 분무를 통해 액체를 기상으로 만들어 연소시킨다는 점에서 증발연소와 비슷하다.

2.2.1.3. 고체의 연소

고체의 연소는 증발연소, 표면연소, 분해연소, 자기연소의 4가지로 구분할 수 있다.

증발연소의 경우 고체는 직접 가스로 승화하거나 분해한 후에 증발한다. 액체의 연소와 마찬가지로 증발한 가연성가스가 공기와 혼합되어 발생하는 연소다. 예로는 파라핀(양초), 유황, 나프탈렌 등이 있다.

표면연소는 고체 표면에서 발생하는 연소로, 상온·상압하의 일반 대기상태에서는 불꽃을 올리지 않고 연소하는 것이 특징이다. 열분해를 일으키거나 증발을 발생시키지는 아니하고 고온을 유지한 채, 산소와 고체 표면의 탄소가 직접 반응하여 연소한다. 숯, 목탄, 코크스 등이 표면연소를 한다.

분해연소는 가열에 의한 열분해로 발생한 가연성 가스와 공기 중의 산소가 혼합 및 착화되어 발생하는 연소다. 예를 들면, 목재나 석탄, 종이, 플라스틱 등의 연소가 있다.

자기연소는 자체에 산소를 함유하고 있어 외부에서 산소를 공급하지 않아도 연소가 발생하는 것으로 내부연소라고도 한다. 5류 위험물인 니트로셀룰로오스, 셀룰로이드가 여기에 해당한다.

2.2.1.4. 열분해(Pyrolysis)

유기물이 열을 받아 휘발성분과 분해생성물 등 다른 물질로 분해되는 것을 열분해라고 한다. 가열되기 전의 고체 상태에서는 각각의 분자 간 결합이 유지되지만 가열과 함께 분자 간 결합이 약해지고 그 형태가 고체에서 액체로, 액체에서 기체로 변화할수록 움직임이 활발해져 그 분자는 물질 밖으로 방출되기 쉬워진다. 물질의 열전달은 이 분자 간의 결합이 약해져 움직임이 가능해진 분자끼리 물질 내에서 부딪쳐 열을 발생시키고 전도시켜 나가기 때문이다.

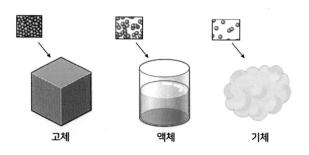

그림 2-6 물질 상태별 분자 간 결합 비교

고체   액체   기체

목재의 경우 열에 노출되면 먼저 수분이 증발하고, 온도가 250℃ 이상으로 상승하면 열분해로 인해 가연성 가스가 발생한다. 본래 순수한 가연성 가스는 무색투명하지만, 분해되어 외기에 닿으면서 냉각되고 응축되어 백색으로 보이게 된다. 또한, 목재 성분이 열분해 되어 발생한 가스에는 이산화탄소, 수증기 등의 불연성 물질과 일산화탄소, 메탄, 수소, 탄화수소 등의 가연성 물질이 다양하게 혼합되어 있다. 수분 함유량이 적은 합성물질은 증발하는 수분이 적어, 그만큼 가연성가스는 목재보다 빨리 발생하게 된다.

2.2.2. 산소(Oxygen)

공기는 산소가 약 21% 포함되어 있어 훌륭한 산소공급원이다. 그 밖에도 제1류 위험물인 산화성 고체와 제6류 위험물 산화성 액체 그리고 제5류 위험물인 자기반응성 물질은 모두 산소공급원이다.

가연성물질이 연소하려면 연소를 도와주는 산소의 농도가 일정 이상 필요하다. 연소에 필요한 최소한의 산소농도를 **최소산소농도**(MOC: Minimum Oxygen Concentration)라고 부른다. 산소의 농도를 최소산소농도 이하로 유지하면 연료의 농도와 상관없이 연소 및 폭발방지가 가능해 불활성화[3]에 많이 이용한다.

---

3) 불활성화(Inerting): N_2, CO_2, 수증기 등 불활성물질을 첨가하여 산소농도를 MOC(최소산소농도) 이하로 유지하는 방법.

최소산소농도는 산소 몰(mol)을 연료 몰(mol)로 나눈 수를 연소하한 값에 곱해서 구할 수 있으며, 이 최소산소농도보다 4%를 더 낮추어 불활성화 농도를 설정하게 된다.

- MOC(최소산소농도) = LFL(연소하한계) × $\dfrac{\text{산소}(O_2)\text{몰}}{\text{연료몰}}$
- 불활성화 농도 = 최소산소농도 − 4%

연습문제 ❶

아세틸렌(C_2H_2)이 연소하기 위한 최소산소농도와 연소를 방지하기 위한 불활성화 농도를 구하시오(아세틸렌 연소범위 2.5~81%).

> 풀이

- 아세틸렌 연소범위 2.5~81%이므로 LFL(연소하한계)는 2.5
- 완전연소 반응식 $C_2H_2 + 2.5O_2 \rightarrow 2CO_2 + H_2O$에서
  연료의 몰수는 1, 산소의 몰수는 2.5이므로
  C_2H_2의 MOC(최소산소농도) = LFL × O_2몰/연료몰
  = 2.5% × 2.5/1 = 6.25%
- 최소산소농도보다 4% 더 낮게 유지하여 불활성화를 하므로 불활성화 농도는
  = 6.25% − 4% = 2.25%

공기 중의 산소를 이용해 가연물의 열량을 측정하는 방법이 있다. 1917년 W. M. 손튼은 유기재료의 연소 시 발생하는 열량은 유기재료의 종류와 상관없이, 소비되는 산소 1kg당 13.1MJ로 일정하다는 것을 발견했다. **손튼의 법칙**(Thornton's Rule)으로 알려진 이 법칙은 산소 소비량에 의한 열량측정에 사용된다.

20℃ 기준으로 공기의 무게는 1㎥당 1.25kg이다. 공기 중에 산소는 약 21% 존재하므로 1㎥의 공기에는 약 260g의 산소가 포함되어 있음을 알 수 있다. 만약 1㎥의 공기가 연소에 의해 소비된다면 이는 약 260g의 산소가 연소반응에 소비된다는 뜻이고 이때 방출되는 에너지는 약 3.4 MJ가 된다(아래 계산식 참조). 물론, 기압, 온도, 습도 등에 따라 방출에너지는 조금씩 달라질 수 있다.

$$1kg : 13.1MJ = 0.26kg : X$$
$$X = 13.1MJ \times 0.26 = 3.4MJ$$

그림 2-7 공기 1㎥ 소비할 때의 방출에너지

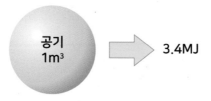

유기가연물에서 방출되는 열은 연소라는 산화반응 과정에서 소비되는 산소의 양에 의존하기 때문에 소비되는 산소의 양을 알고 있으면 그 열량을 계산할 수 있는 것이다. 그러면 산소 소비량을 이용해 메탄이 연소할 때 발생하는 에너지를 계산해보자.

연습문제 ❷

산소 소비량을 이용하여 메탄(CH_4)의 열방출률을 계산하시오.

`풀이`

메탄(CH_4)의 완전연소반응식에서, $CH_4 + 2O_2 \rightarrow CO_2 + H_2O$
메탄 1몰이 완전연소하는 데 2몰의 산소가 필요하다.

산소 분자량은 32g이므로 산소 2몰, 즉 64g이 소비되므로

$$1kg : 13.1MJ = 0.064 : X$$

$$X = 64 \times 13.1 = 0.8384MJ$$

메탄의 열방출률은 0.8384MJ(=838kJ)

건축자재 등 높은 에너지를 발생시키는 연료는 연소 시 더 많은 산소를 급속하게 소비한다. 개방된 곳이 아닌 구획실 내부라면 산소가 순환되지 않아 환기가 제한되므로 불완전연소가 일어난다. 불완전연소에 의해 구획실의 온도는 완만한 상승 또는 소강상태를 보일 수 있지만, 열분해를 촉진하는 이상의 온도가 유지되면 구획실 내에서 가연성가스가 대량으로 발생하고 축적된다. 이 상태에서 산소가 유입되면 급속한 산화반응 즉 연소가 일어나며 백드래프트 등을 유발할 가능성은 매우 높아진다.

2.2.3. 점화원(Energy)

점화원은 가연물의 발화 또는 점화에 필요한 에너지로서 불꽃이나 고온의 열원을 말한다. 열이란 에너지의 흐름으로, 고온에서 저온으로 이동하므로 결국 서로 같은 온도에 이르게 되는 성질을 일컫는다. 얼음이 든 음료를 예로 들면, 열에너지는 온도가 높은 음료에서 온도가 낮은 얼음을 향해 이동하고, 음료의 온도는 떨어진다. 얼음은 반대로 음료에서 열을 받아 온도가 상승하고, 결국 양자는 같은 온도에서 안정되는데 이것을 열평형 상태라고 한다.

열평형 상태는 열전달을 설명하는 데 아주 유용하다. 같은 점화 에너지를 가했을 때, 열전달이 쉬운 물질은 가열되지 않은 부분으로 열을 전달하여 열평형 상태가 되려고 하므로 발화온도에 이르기 전에 열을 빼앗기게 된다. 반대로 열이 잘 전달되지 않는 물질의 경우, 가열되고 있는 부분에 열이 머물러 그 부분에 국소적으로 온도가 상승하여 발화하게 된다. 연소에 있어서 열원의 역할은

다음과 같다.

- 고체 및 액체연료를 열분해 또는 증발시켜 가연성가스를 발생시킨다.
- 가연성가스의 착화에 필요한 열에너지를 공급한다.
- 가연성가스가 계속 발생하는 데 필요한 에너지를 공급한다.

점화 에너지는 순간적 또는 열의 축적에 의한 열량으로서 점화에 필요한 온도(열량)를 가지고 있어야 한다. 주요 점화 에너지로는 전기, 정전기, 충격 등에 의해 발생하는 불꽃, 마찰열, 산화열 등이 있으며 화학적 열원, 전기적 열원, 물리적 열원으로 구분할 수 있다.

2.2.3.1. 화학적 열원

화학적 열원은 연소반응을 일으키는 가장 일반적인 에너지원이다. 연소반응은 산화반응으로서 산소와 접촉하는 가연물은 산화되면서 열에너지가 발생하는데 이렇게 화학반응으로서 발생하는 열원을 화학적 열원이라고 한다.

자연발화도 화학적 열원의 일종으로, 외부의 열원 없이 자기발열과 물질 자체의 열 축적으로 온도가 올라가는 것을 말한다. 일반적으로 산화로 발생하는 열은 발생과 동시에 주위에 흡수되어 쉽게 발화까지 이어지지는 않는다. 그러나 주위에 흡수되는 방열보다 더 많은 열이 발생하거나 자체에 축적되는 열이 더 커서 가연물의 온도가 발화온도까지 올라가면 자연발화가 발생한다.

단열상태의 가연물은 열의 이동이 단절되어 열의 축석이 용이하고 그 결과로 열 발생 속도가 빨라진다. 열이 발생하고 연료가 열을 흡수하는 양이 많을수록 열을 발생하는 화학반응 자체가 빨라지는 것이다. 실제 화학반응 시 온도가 10℃ 올라가면 화학반응의 속도는 2배 가까이 증가한다.

2.2.3.2. 전기적 열원

전기적 열원은 고온을 발생시켜 주위에 있는 가연성물질을 발화시킬 수 있다. 전기적 원인으로 발생하는 열원으로는 저항열, 과전류, 아크, 정전기, 낙뢰 등이 있다. 저항열은 도체의 저항으로 인해 전기에너지가 열에너지로 변하면서 발생하는 열을 말한다. 그리고 전선피복 등의 절연능력 저하로 발생하는 누설전류 등에 의해서도 발열이 발생하여 점화원으로 작용할 수 있다.

참고로 아크는 발열과 함께 불꽃이 수반되는데 이와 비슷한 현상으로 스파크가 있다. 이 둘을 구분하자면 아크는 전기를 갑자기 차단할 때(switch OFF) 잘 흐르고 있던 전류가 공기라는 큰 저항을 만나 열과 빛을 발생하는 현상이고, 스파크는 반대로 전기를 갑자기 투입할 때(switch ON) 발생하는 현상으로 열보다는 빛과 소리가 발생하는 일종의 방전현상이다.

2.2.3.3. 물리적 열원

물리적 열원은 마찰과 압축이라는 두 가지 방법으로 발생한다. 마찰열은 두 물질의 표면이 서로 스치면서 발생하는데 마찰로 인해 열이나 불꽃이 발생한다. 반면, 압축열은 기체가 온도변화 없이 압축되는 단열압축에서 발생한다. 디젤엔진은 이 원리를 이용하여 스파크 플러그를 사용하지 않고도 연료 혼합기를 연소시킬 수 있다. 공기호흡기 충전 직후 용기가 따뜻해지는 것도 압축열 때문이다.

금속물체와 다른 물체가 충돌할 때 금속입자에 순간적으로 높은 열이 발생하며 스파크가 일어나는데 이러한 마찰 스파크도 물리적 열원에 포함된다.

2.2.4. 연쇄반응(Chain Reaction)

가연성 물질과 산소가 화학반응을 할 때 발생하는 열은 화학반응을 지속할 수 있는 에너지를 제공한다. 온도가 증가한 가연성 물질은 분자가 활성화되고 여러 반응들이 차례로 일어나면서, 그들 각각의 반응이 다른 반응에 영향을 주는데 이를 연쇄반응이라 한다.

가연성 물질과 산소가 점화에너지를 받으면 반응성이 아주 강한 불안정한 물질로 분해되면서 활성화된다. 그래서 이 점화에너지를 활성화에너지라 부르고 이렇게 활성화된 물질을 활성라디칼(H^+, O^-, OH^- 등)이라고 한다. 활성라디칼이 서로 충돌하면서 반응도 연쇄적으로 이루어지는데 이를 통해 연소가 지속되기 때문에 연쇄반응은 연소의 네 번째 요소라는 지위를 얻게 되었다.

※ 연쇄반응 메커니즘
(개시) $H_2 + 2e$(활성화 에너지) $\rightarrow 2H^+$
(분기) $H^+ + O_2 \rightarrow OH^- + O^-$
(전파) $OH^- + H_2 \rightarrow H_2O + H^+$
(분기) $O^- + H_2 \rightarrow OH^- + H^+$
※ 붉은색이 활성라디칼

연소를 계속하기 위해서 연료와 산소는 화학적 연쇄반응을 통해 연소를 유지하는데 필요한 열에너지를 계속 발생시켜야 한다. 화학반응으로부터 발생한 열에너지가 충분하면 가연성가스를 분해·생성하기 위한 자기유지 반응이 발생하고, 그 후에는 발화원이 없어도 연쇄적으로 반응이 계속되어 불꽃이 유지될 수 있다. 그러므로 열분해를 계속할 수 있는 열량, 산소와 가연성가스를 반응시킬 수 있는 열량, 가연성가스가 연소하기 쉬운 온도까지 상승시킬 수 있는 열량이 연쇄반응의 유지조건이라 할 수 있다.

화학적 연쇄반응을 억제하기 위해 활성화에 필요한 에너지를 높여서 연소가 지속되는 것을 차단하는 방법이 있는데 이것을 **부촉매 효과**라고 한다. 촉매제가 반응을 촉진시키는 것이라면 그 반대의 효과를 내는 것이 부촉매다. 소방에서는 이러한 부촉매 효과를 위해 1족 원소와 7족 원소를 활용한다. K(칼륨), Na(나트륨) 등 알칼리금속인 1족 원소를 활용한 것이 바로 분말소화약제가 되고, 7족 할로겐 원소인 F(불소), Cl(염소), Br(브롬) 등의 원소를 활용한 것이 할론소화약제다.

표 2-2 분말소화약제와 할론소화약제의 메커니즘

구분	NaHCO$_3$(1종 분말소화약제)	CF$_3$Br(할론 1301)
열분해	$2NaHCO_3 \rightarrow Na_2O + H_2O + 2CO_2$	$CF3Br + e \rightarrow CF_3 + Br^-$
라디칼 포착	$Na_2O + 2H^+ \rightarrow 2Na^+ + H_2O$	$Br^- + H^+ \rightarrow HBr$
라디칼 억제	$Na^+ + OH^- \rightarrow NaOH$	$HBr + OH^- \rightarrow H_2O + Br^-$
재생 반응	$NaOH + H^+ \rightarrow Na^+ + H_2O$ 1족 원소 Na$^+$ 이온이 계속 재생되면서 라디칼을 억제	7족 원소 Br$^-$이 계속해 재생하면서 활성라디칼을 포착하여 제거 · 억제

2.3. 인화점, 연소점, 발화점

연소에 있어서 세 가지 중요한 온도점이 있다. 인화와 연소 그리고 발화가 발생하는 최저 온도다. 온도의 순서로 나열하면 인화점이 가장 낮고, 다음으로 연소점과 발화점 순으로 높아진다.

2.3.1. 인화점(Flash Point)

가연성의 고체나 액체 표면에 점화원이 존재할 경우, 인화가 발생하는 최저온도를 인화점(Flash Point)이라고 한다. NFPA 921[4])에 따르면 불꽃 등의 점화원을 가까이 했을 때 착화에 필요한 농도의 가연성가스를 발생시키는 최저온도라고 정의한다. 가연성가스가 연소하한계의 농도에 도달하는 액체 온도라고 할 수 있으며, 이때의 온도에서 점화원을 제거하면 연소는 지속되지 않는다. 참고로 인화점은 4류 위험물인 인화성액체의 위험도를 구분하는 기준으로 사용되고 있다.

---

4) NFPA 921 Guide for Fire and Explosion Investigations.

🏃 그림 2-8   인화

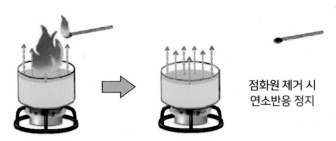

점화원 제거 시
연소반응 정지

🏃 표 2-3   4류 위험물의 인화점 구분

구분	인화점	예
특수인화물	-20℃ 이하	디에틸에테르 -45℃, 이황화탄소 -30℃
제1석유류	21℃ 미만	아세톤 -18℃, 휘발유 -43~-20℃
제2석유류	21℃ 이상 70℃ 미만	등유 40~70℃, 경유 50~70℃
제3석유류	70℃ 이상 200℃ 미만	중유 60~150℃, 글리세린 160℃
제4석유류	200℃ 이상 250℃ 미만	기어유 200℃ 이상
동식물류	250℃ 미만	-

2.3.2. 연소점(Fire Point)

연소점은 5초 이상 불꽃이 지속될 수 있는 최저온도를 말한다. 열에너지가 충분해 화학반응이 연쇄적으로 일어날 수 있는 온도로서 점화원을 제거해도 자발적으로 연소가 지속되는 온도다. 연소가 계속되기 위해서는 인화점보다 높은 온도가 필요하며, 연소점은 인화점보다 보통 5℃ 정도 높다.

점화원 제거해도
연소반응 지속

2.3.3. 발화점(Ignition Point)

점화원이 없어도 공기 중에서 스스로 발화할 수 있는 최저온도를 **발화점**(Ignition Point) 또는 **자연발화온도**(AIT: Auto Ignition Temperatures)라고 한다. 어떤 가연물도 자신의 발화점에 도달하기 전에 그 자체만으로 발화하는 경우는 없다.

발화점은 가연물마다 다르고, 동일한 가연물이라 하더라도 양이나 주위환경에 따라 달라질 수 있다. 여기서 발화는 자연발화온도에 이르는 방법에 따라 좁은 의미의 자연발화와 자동발화로 구분하기도 한다. 좁은 의미의 자연발화는 자기발열에 의한 **자기발화**(Self Ignition)현상을 말하고, **자동발화**(Auto Ignition)는 외적 요인으로 온도가 상승해 발화에 이르는 상태를 말한다.

점화원 없이 발화

자연발화(기름걸레)

자동발화

- 자연발화 → 스스로 발열하여 발화온도에 도달, 발화하는 현상
- 자동발화 → 외부 열에너지 영향으로 발화온도에 도달하고 발화하는 현상

2.3.4. 인화와 자연발화

자연발화는 점화원 없이 자체적인 열의 축적에 의해 스스로 발화하는 현상을 말한다. 산화, 분해 등 다양한 반응을 통해 가연물은 발열이 발생하고 온도가 상승한다. 온도가 상승함으로써 화학반응의 속도가 증가하고 발열량도 증가한다. 이 열이 축적되고 발화점에 이르러 점화원 없이 연소를 일으키는 현상을 **자연발화**라고 한다.

자연발화는 방열보다 발열이 높아 열의 축적이 용이할 때 자주 발생하고 때로는 열폭주 반응이 개입될 수도 있다. 열폭주는 발열에 의해서 한층 더 많은 발열을 초래하는 연쇄반응으로서 순식간에 온도는 발화점에 도달하고 통제할 수 없는 상태가 만들어진다.

자연발화의 원인으로는 산화열이나 분해열, 흡착열, 미생물 등에 의한 발열을 들 수 있다. 그러나 자연발화에 이르기 위해서는 다음과 같은 몇 가지 조건이 필요하다.

- 주위의 온도가 높을 것(열축적이 용이하다)
- 열전도율이 작을 것(전도에 의한 열손실이 적다)
- 발열량이 클 것(열축적이 빠르다)
- 표면적이 넓을 것(열을 더 많이 더 빨리 흡수한다)
- 결국 열의 축적이 쉬워야 한다.

실제 화재상황에서 연기가 발생하고 자연발화하여 연소할 때까지의 시간은 예측할 수 없는 경우가 많다. 장시간에 걸친 열분해로 인해 가연성가스가 축적되고 연소의 4요소가 적절한 조건을 만족할 경우, 가연물은 순간 발화하여 급속

 표 2-4 가연물의 발화점

물질	발화온도(℃)	물질	발화온도(℃)
황린	34	종이류	405~410
이황화탄소	100	목재	410~450
아세트알데히드	185	폴리우레탄	416
등유	257	폴리염화비닐	454
가솔린	300	프로판	460
폴리에틸렌	349	일산화탄소	609

출처: 2022년 신임교육과정 소방전술I(화재3) p.13 참조

하게 성장할 수 있다.

발화점은 플래시오버와도 상관이 있다. 플래시오버는 구획실 내부의 가연물이 일시에 발화하면서 구획 전체가 화염에 휩싸이는 현상을 말한다. 천장온도가 500℃ 이상이 되면 플래시오버 발생조건이 되는데, 표를 보면 500℃ 직전에 거의 모든 가연물이 발화된다는 것을 알 수 있으며 이때 구획실을 가득 채우고 있을 일산화탄소의 발화점은 큰 의미를 가진다.

2.4. 연소범위(Range of Flammability)

고체 또는 액체연료가 기체인 가연성가스로 변하더라도 그것이 연소되기 위해서는 적절한 비율의 공기와 혼합되어야 한다. 이 가연성가스와 공기의 혼합비율이 연소가 가능한 범위를 **연소범위** 또는 **폭발범위**라고 부른다. 연소는 개방계에서 폭발은 밀폐계에서 발생한다는 차이가 있지만, 그 혼합범위는 같으므로 동의어처럼 사용된다. 또한 연소가 발생하는 범위로 접근하기도 하지만, 그 범위를 벗어나면 연소가 발생하지 않기 때문에 범위 대신 한계를 붙여 **연소한계** 또는 **폭발한계**라고도 한다.

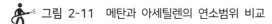
그림 2-11 메탄과 아세틸렌의 연소범위 비교

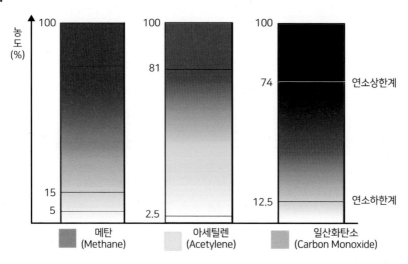

연소범위는 가연성가스의 용량%(vol%)에 따라 상한과 하한이 표시되며, 아래의 하한 값을 **연소하한계**(LFL: Lower Flammable Limit), 위의 상한 값을 **연소상한계**(UFL: Upper Flammable Limit)라고 한다. 메탄을 예로 들면, 연소범위는 5~

그림 2-12 연소범위 그래프

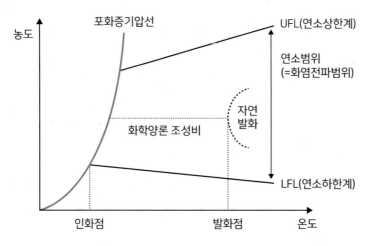

표 2-5 가연성 기체와 액체의 연소범위

연료	분자식	하한계	상한계	연소열(kcal/mol)
수소	H_2	4	75	57.8
일산화탄소	CO	12.5	74	67.6
아세틸렌	C_2H_2	2.5	81	301.5
암모니아	NH_3	15	28	76.2
메탄	CH_4	5	15	191.7
에탄	C_2H_2	3	12.5	336.7
프로판	C_3H_8	2.1	9.5	484.1
부탄	C_4H_{10}	1.8	8.4	634.4
펜탄	C_5H_{12}	1.4	7.8	774.9
헥산	C_6H_{14}	1.2	6.9	915.9
헵탄	C_7H_{16}	1.05	6.7	-
가솔린	-	1.4	7.6	-
등유	-	0.7	6	-

출처: 화재역학 및 화재패턴, p.401.

15%, 여기서 연소하한계는 5% 상한계는 15%이다.

[그림 2-12]에서 일정 온도 부근에 포화증기압(비점)선이 위치하고 있다. 이 선을 경계로 좌측은 액체, 우측은 기체를 나타낸다. 연소는 기체 상태에서 발생하므로 연소범위는 포화증기압선의 우측에 위치하게 되는데 Y축의 농도에 따라 연소범위의 하한과 상한이 결정된다. 그리고 연소범위의 하한 즉, 연소가 발생하는 최저온도가 곧 인화점이 된다. 연소범위 내에서는 화염전파에 의한 불꽃연소가 발생하지만 연소범위 외곽에서는 훈소 형태의 불완전한 연소가 발생한다.

연소하한계(LFL)는 가연성가스와 공기가 혼합되어 계속 연소하는 하한치를 말하며, 그 이하에서는 혼합기의 농도가 너무 옅어서 연소가 일어나지 않는다. 한편 연소상한계(UFL)란 그 혼합범위의 상한치를 가리킨다. 그 이상에서는 혼합기가 너무 진해서 연소가 일어나지 않는다. 그리고 연소하한과 연소상한 사이에는 이상혼합기(Ideal Mixture)의 농도가 있다. 화학적 양론농도(Cst, Stoichiometric Concentration)라고 부르는 이 농도는 가연성가스와 공기가 이상적으로 혼합되어 있어 가장 효율적인 연소가 가능하다. 양론농도는 다음 식으로 구할 수 있다.

$$Cst(\%) = \frac{연료몰수}{연료몰수 + 공기몰수} \times 100$$

연습문제 ❸

프로판(C_3H_8)의 양론농도를 구하시오. (프로판 연소범위 2.1~9.5%)

풀이

$C_3H_8 + 5O_2 \rightarrow 3CO_2 + 4H_2O$에서 연료는 1몰, 산소는 5몰이 반응

산소 = 공기 × 0.21(21%)에서 공기 = 산소/0.21이므로

$$Cst = \left(\frac{1}{1 + (5/0.21)} \right) \times 100 = 4.03\%$$

2.4.1. 연소범위 영향인자

연소범위는 평상시의 온도와 기압인 NTP(Normal Temperature and Pressure) 즉, 20℃, 1기압에서의 값이다. 그런데 연소범위는 온도와 산소의 농도에 따라 변화한다. 온도가 상승하면 그 범위는 하한계와 상한계 양쪽으로 균등하게 확대 되고 그만큼 연소는 더 쉬워진다. 참고로 온도가 100℃ 증가할 때 하한계는 8℃ 감소하고 상한계는 8℃ 증가한다고 알려져 있다.[5]

---

5) 이창욱, 화재역학 및 화재패턴, 2007, p.50 참조.

NTP: Normal Temperature and Pressure(정상상태 즉, 상온·상압)

→ 20℃, 1기압(1atm = 101.325kPa = 14.7psi)

STP: Standard Temperature and Pressure(표준상태의 온도압력)

→ 0℃, 1기압

그림 2-13　온도와 산소 농도에 따른 연소범위 변화

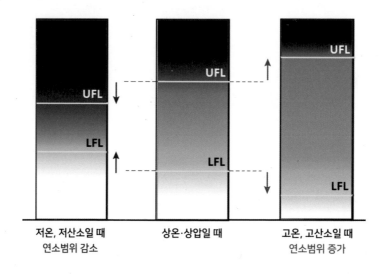

| 저온, 저산소일 때 | 상온·상압일 때 | 고온, 고산소일 때 |
| 연소범위 감소 | | 연소범위 증가 |

　화재실 내에 축적되는 미연소 연료는 열의 대류에 의해 공기와 섞여 부분적으로 혼합연료가 된다. 상승기류에 의해 주위의 공기가 흡수되기 때문에 연기층에는 다양한 농도의 혼합가스가 존재하게 되고 발화점에 도달하면 자연발화(좁은 의미의 자동발화)할 수 있다.

　다시 말해, 아직 연소되지 않은 연료가 온도상승으로 인해 연소가 용이한 환경에 놓이게 되는 것이다. 이 상태에서 구획실 내의 연기층은 자연발화온도(AIT)까지는 도달하지 못하더라도 연소중인 가연물의 불꽃 접촉으로 쉽게 점화될 수 있다. 물론, 구획실 온도가 발화온도에 도달하면 연기층의 발화로 이어질 것이다. 자연발화 온도는 미연소 연료의 양과 종류에 영향을 받기 때문에 정확

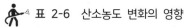 표 2-6 산소농도 변화의 영향

구분	농도 증가 시	농도 감소 시
연소 범위	넓어진다.	좁아진다.
연소 속도	빨라진다.	느려진다.
점화에너지	더 작은 에너지로 가능	더 큰 에너지 필요

한 온도를 꼭 짚어 말할 수는 없지만 대략 600℃ 내외로 알려져 있다.

온도와 마찬가지로 공기 중의 산소농도 또한 연소범위의 변화를 가져온다. 구획화재는 가연성가스의 생성과 산소의 소비량 증가에 따라 산소농도는 떨어질 수밖에 없고, 산소농도의 감소는 화재에 큰 영향을 미친다.

일반적으로 산소농도가 15%까지 떨어지면 연소반응은 지속되기 힘들다. 그러나 15% 이하의 산소농도라 해도 온도가 높으면 가연물의 열분해는 계속된다는 것을 명심해야 한다. 실내온도가 600℃ 내외가 되면 열분해된 가연성가스가 일시에 발화하면서 플래시오버가 발생한다. 플래시오버는 10%의 산소농도에도 발생하므로, 구획화재로 산소농도가 낮아졌을 때 무모한 구획실 개방은 산소농도를 증가시킬 수 있음에 주의할 필요가 있다.

2.5. 열 밸러스트(Thermal Ballast)

연소조건을 얘기할 때 흔히 에너지 조건과 물적 조건을 얘기한다. 물적 조건은 가연성가스와 공기의 혼합에 관한 것이고, 에너지 조건은 온도에 관한 것이다. 발생하는 열보다 방출하는 열이 많으면 온도가 발화온도에 이르지 않아 발화가 일어나지 않지만, 반대로 방열이 적으면 온도는 쉽게 상승하고 발화가 일어난다.

지금 설명하는 열 밸러스트는 연소의 에너지 조건인 방열과 관련된 개념이다. 열(熱)은 고온에서 저온으로 이동하는 에너지다. 실제화재에서 공기 중에는 연소에 관여하지 않는 물질이 존재한다. 이들이 연소반응으로 발생하는 열을 흡수함으로써 열평형상태를 유지하려고 하므로 연소를 방해할 수 있다. 이러한 물질을 **서멀 밸러스트**(Thermal Ballast) 또는 **열흡수원**(Heat Sink)이라고 부른다.

가연성가스가 부족한 상태에서 가연성가스와 결합하지 못한 잉여의 산소나 이산화탄소, 그리고 공기의 대부분을 차지하는 질소가 열 밸러스트에 해당한다. 반대로 가연성가스가 과다한 경우에는 산소와 결합할 수 없는 잉여의 가연성가스나 질소가 이에 해당한다. 이들이 연소에 필요한 열을 빼앗아가므로 연소하한계(LFL) 미만이나 연소상한계(UFL) 초과 상태에서는 연소할 수 없는 상황이 만들어진다. 하지만 연소범위 내에서는 가연성가스와 산소의 비율이 적절하기 때문에 잉여분이 적고 그만큼 열 밸러스트도 적다. 열 밸러스트에 의해 빼앗기는 열이 적으므로 연소를 계속할 수 있는 상태가 된다.

열 밸러스트는 촛불과 철망을 이용한 실험으로도 설명이 가능하다. 촛불 위에 철망을 놓으면 그 아래쪽은 불꽃이 있지만 위쪽은 불꽃이 사라진다. 철망의 아랫부분은 온도가 높지만 철망을 통과하면서 연소에 필요한 열을 빼앗겨서 철망 위에서는 연소가 일어나지 않게 되는 것이다. 철망이 열을 흡수해 파라핀 증발가스의 발화에 필요한 온도를 방해하는 것인데, 이렇게 열을 흡수하는 것을 열 밸러스트라고 한다.

그림 2-14 양초와 냄비의 열 밸러스트

가스불 위의 냄비도 물이 열에너지를 흡수하여 증발하는 데 소모하기 때문에 냄비는 온전하지만, 물이 다 끓어 없어지면 냄비도 타버리고 만다. 물이 열 밸러스트 역할을 한다고 설명할 수 있다.

또한 수증기를 활용한 냉각소화나 불활성화도 열 밸러스트로 설명될 수 있다. 가열된 환경에 물을 첨가하면 열에너지를 흡수하여 혼합기의 열에너지 저장량을 줄일 수 있을 뿐만 아니라 물이 증기로 상변화함으로써 가연성 혼합기에 열 밸러스트를 추가하게 된다. 그 결과 혼합물의 가연성이 낮아져 연소는 중지되고, 더 나아가 불활성화를 조성할 수도 있게 된다.

2.5.1. 연소범위 미만 상태의 열 밸러스트

연소하한계(LFL) 미만의 농도에서는 공기 속의 산소나 질소와 같은 분자들이 아직 연소반응에 참가하지 못한 채 흡열효과를 발휘함으로써 발화와 연소에 필요한 온도조성을 방해하므로 연소가 일어나지 않는다. 점화원이 있더라도 발열반응이 연쇄적으로 일어날 수 없는 상태라고 할 수 있다.

그림 2-15   연소범위 미만일 때

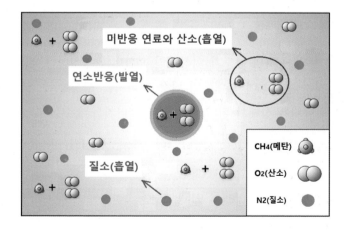

2.5.2. 연소범위 이내일 때 열 밸러스트

연소범위 이내라도 열 밸러스트는 존재하기 때문에 산소와 연료의 발열반응을 한 번에 넓은 범위로 확산시킬 수는 없다. 하지만 가까운 결합체에 열이 미침으로써 반응이 일어나고 있으며, 여기서 더 가까운 결합체로 반응이 연쇄적으로 진행된다. 즉, 열 밸러스트가 존재하더라도 연쇄반응을 지속할 수 있는 단계라고 할 수 있다.

 그림 2-16 연소범위 이내일 때

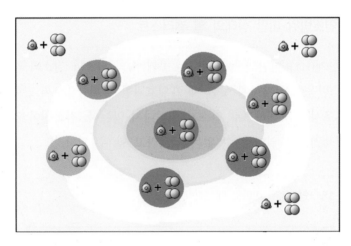

그리고 연료와 공기의 농도가 이상적인 혼합비를 형성하는 양론농도에서는 거의 모든 분자가 반응하여 최대량의 반응 에너지를 생성할 수 있으며 연쇄반응이 빠르게 전달되는 상태가 된다. 방출되는 에너지를 흡수할 수 있는 열 밸러스트가 확연히 줄어드는 것이다.

2.5.3. 연소범위 초과 상태의 열 밸러스트

연소상한계에 이르면 열 밸러스트가 감소하는 상태이므로 반응할 수 있는

그림 2-17 연소범위를 초과할 때

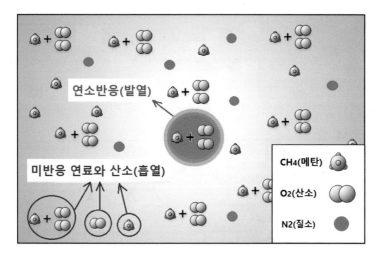

연소반응(발열)

미반응 연료와 산소(흡열)

CH₄(메탄)

O₂(산소)

N₂(질소)

결합체가 많아지지만, 산소와 결합할 수 없는 연료도 많이 존재하는 연료과다 상태가 된다. 연소상한계를 넘어서면 열 밸러스트는 더욱 감소하고, 산소와 결합할 수 없는 연료도 증가하여 연쇄반응을 지속할 수 없는 상태가 된다. 그러나 이때에도 열을 비축한 연료가 많이 존재하기 때문에 결합할 수 있는 산소가 추가되면 급격한 연소를 일으킬 수 있으므로 주의가 필요하다.

열 밸러스트의 흡열효과는 아무 제한 없이 계속되는 것은 아니다. 열을 지속적으로 흡수한 열 밸러스트는 온도가 상승하고, 열원과의 온도차가 작아져 흡열한계를 맞이하게 되면 연소를 방해할 정도의 효과를 발휘할 수 없게 된다. 그 결과 발열반응은 방해받지 않고 확산되며 연쇄반응이 계속된다. 촛불과 철망을 사용한 실험에서 그물코가 작아 불꽃이 통과하지 않는 경우라도 불꽃으로 계속 가열하면 언젠가 불길이 통과할 수 있게 되는데, 이는 열 밸러스트가 흡열의 한계를 맞이했음을 나타내는 것이다.

2.6. 열전달(Heat Transfer)

어느 한 지점의 열은 자기보다 낮은 온도의 다른 지점으로 이동해간다. 이를 열전달이라고 하며, 화재의 성장과 연소확대의 기본 원리라고 할 수 있다. 연소가 일어나면 열은 전도, 대류, 복사의 세 가지 방법으로 전달된다. 화재는 최초 착화원의 열이 다른 가연물로 옮겨감으로써 성장한다.

2.6.1. 전도(Conduction)

물질을 통한 열전달은 분자 간의 충돌에 의해 이루어진다. 쉽게 말해, 더 뜨거운 분자가 차가운 분자와 충돌하면서 에너지의 일부를 나눠주기 때문이다. 전도는 이동하는 분자 간의 접촉이 필요하기 때문에 전도는 보통 국소적인 부분에서 발생하고 항상 뜨거운 부분에서 차가운 부분으로 이동한다. 그렇게 이동하는 속도를 열전도율(K)이라 하며 [W/mK]의 단위를 사용한다.

그림을 보면, 알코올램프 상부에 각각 온도센서를 연결한 구리관과 강관을 좌우측에 위치시켜 가열하고 있다. 온도는 서서히 높은 곳에서 낮은 쪽으로 전달되는데 잠시 후 각각의 온도를 확인해보니 좌측의 구리 센서는 96℃, 우측의 강철 센서는 30℃를 가리켰다. 이 차이는 각 물질마다 열전도율이 다르기 때문이다.

 그림 2-18   구리와 철의 열전도 비교

목재의 경우 열전도율이 매우 낮아서 표면에 가해지는 열은 쉽게 이동하지 못하고, 열이 가해지고 있는 부분의 온도를 급격히 증가시킨다. 그 부분의 국소 온도가 발화온도까지 상승하면서 화재가 발생하는 것이다.

보통 화재초기의 열 이동은 전도가 원인인 경우가 많다. 그리고 성장기가 되면 대류로 인해 화원에서 떨어진 위치에서도 고온의 열기가 흐르는데 여기서 다시 전도가 일어난다. 벽의 마감재 등 연료가 될 수 있는 가연물이나 금속 덕트 등에 화염이 접촉하면 전도를 통해 다른 가연물로 열이 전달 될 수 있고 오랫동안 방치할 경우 발화와 연소로 이어질 수 있다.

표 2-7 열전도율

구분	열전도율(K) (W/mk)	밀도(ρ) (kg/m³)	비열(C) (kJ/kg · k)
구리	387	8,940	0.38
스틸	45.8	7,850	0.46
콘크리트	0.8~1.4	1,900~2,300	0.88
유리	0.76	2,700	0.84
목재	0.17	800	2.38
석면	0.15	577	1.05
공기	0.026	1.1	1.04

출처: 화재역학 및 화재패턴, p.76.

2.6.2. 대류(Convection)

구획화재 성장기의 열전달은 대부분 대류에 의해 발생한다. 대류는 가열된 유체가 열원에서 다른 곳으로 이동함으로써 에너지를 전달하는 것을 말한다. 고온의 연기가 이동하는 과정에서 대류에 의한 열전달이 발생한다는 사실은 소방대원에게 아주 중요하다. 뜨거운 공기는 팽창해 밀도가 낮아지면서 상승하기 때문에 뜨거운 표면 위에서는 대류가 발생하고 이를 통해 에너지를 운반한다. 물이나 기름과 같은 액체 또한 뜨거운 부분의 밀도가 낮기 때문에 상승하면서 대류를 일으킨다. 이렇게 유체의 질량운동에 의한 이동과 순환을 통해 열을 전달하는 것을 대류라고 하며 다른 열전달 방식과 마찬가지로 온도가 높은 곳에서 낮은 곳으로 열을 이동시킨다.

화재에서 대류에 의한 열전달은 자연대류 또는 강제대류의 두 가지 방법으로 발생한다. 고온의 가연성가스와 연기는 팽창하여 가벼워지고 급속히 상승하는데, 이것은 주위 공기와의 온도차이로 발생하는 부력에 의한 자연대류 현상이다. 반면, 강제대류는 부력뿐만 아니라 바람과 같은 외부의 힘이 가해진다. 화재현장에서는 바람에 의한 영향으로 대류속도가 빨라져 화재 확대의 요인이 되기도 한다.

2.6.3. 복사(Radiation)

복사는 열에너지가 전자파의 형태로 매개체 없이 공간을 이동하는 열전달방법이다. 전자파이기 때문에 에너지는 빛의 속도로 빠르게 전달되고 전도나 대류보다 더 멀리 이동할 수 있다. 절대온도 0도(−273℃)를 넘는 모든 물체는 에너지를 복사한다.

복사열이 물체에 도달하면 흡수되거나 반사 또는 투과된다. 검은색 물체는 에너지를 흡수하는 경향이 강하고, 광택이 있는 표면이나 매끈한 표면은 열을 반사하는 경향이 강하다. 물은 가시광선이 투과할 수 있지만 적외선에 대해서는 불투명하기 때문에 에너지를 반사하기보다는 오히려 흡수를 한다. 소화에 물이 필요한 이유다.

건물화재가 진행되고 있을 때 화재와 마주하고 있는 모든 표면이 복사열에 노출된다. 복사열은 노출표면의 온도를 높이고 확산되어 가면서 다른 연료의 열분해를 촉진하고 화재를 확대하는 요인이 된다.

$$\dot{q}'' = \frac{XrQ}{4\pi R^2}$$

Xr: 전체 방출에너지 중 복사에너지 분율(0.15~0.6)

Q: 화재의 열방출률(HRR)

R: 화염중심에서 표면까지의 거리[m]

또한, 복사열의 영향은 열원과의 거리와 관련되어 있다. 위의 식은 원거리 목표물에 대한 잠재적 손상과 원격발화 가능성을 평가하기 위한 점열원(Point source model) 식이다. 복사열($\dot{q}''$)과 거리의 제곱(R^2) 사이에는 반비례 관계가 성립되는 것을 알 수 있다. 열원과의 거리가 2배가 되면 복사에너지는 4분의 1만큼 줄어들고 3배가 되면 9분의 1로 더욱 줄어든다. 열원에서 멀어질수록 복사열의 영향은 거리의 제곱만큼 적어지는 것이다. 당연히 화원이 작아진 경우 즉, 열방출률이 작을 경우에도 복사열의 영향은 작아진다.

위 식에서 복사에너지 분율(Xr)은 총 방출에너지 중 복사로 전달되는 에너지의 비율을 의미한다. Quintiere가 저술한 *Principles of Fire Behavior 2nd ed.*[6] 에 따르면 복사분율은 검은 매연의 발생정도에 따라 0.15(15%)에서 0.6(60%)까지 다양하고, American Institute of Chemical Engineers의 지침[7]에 따르면 연

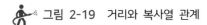 그림 2-19 거리와 복사열 관계

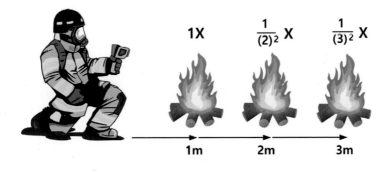

1X $\frac{1}{(2)^2}$ X $\frac{1}{(3)^2}$ X

1m   2m   3m

---

6) 국내에 '화재공학원론'으로 번역되어 출간(김영수 외 공저, 2018. 구미서관, p.86).

7) Guidelines for Fire Protection in Chemical, Petrochemical and Hydrocarbon Processing facili-ties, CCPS Publication. 2003.

소 시 그을음을 발생시키는 탄소원자의 개수에 따라 0.2에서 0.4까지 적용하기도 한다.

화재에서 발생하는 열에너지의 대부분은 대류와 복사에 의해 전달된다. 특히 구획화재에서 대류하는 연기는 대기 중으로 사라지지 않고 구획실 내에서 열성층을 형성하게 되는데 그 열성층에서 복사에너지도 방출되므로 구획실 내부의 복사분율은 더욱 증가한다. 따라서 실내에 진입한 대원은 대류하는 열기 아래에서 활동할 때는 더 많은 열에너지에 노출되어 있음을 주의해야 한다. 실내 화재인 경우 바닥이나 벽을 통한 전도, 대류하는 연기층과 화염에서 방출되는 복사열 에너지의 대부분에 노출된다고 할 수 있다.

 그림 2-20 구획화재의 열전달

2.7. 열방출률(Heat Release Rate)

열방출률(Heat Release Rate)은 유기물이 연소할 때 단위 시간당 방출되는 열량으로서 연료에서 열에너지가 얼마나 빠르게 방출되는지를 나타내는 정량적 표현으로, 에너지 방출속도라고도 한다.

화재발생 공간의 온도는 연료가 연소될 때 방출되는 에너지와 깊은 관련이 있다. 질량과 에너지의 총합은 변하지 않는 성질 때문에, 화재로 감소한 가연물의 질량은 에너지로 변환되었다고 할 수 있다. 화재의 경우, 이 에너지는 열과 빛의 형태로 방출되고 있는데 이렇게 화재에서 일정 시간에 방출되는 열에너지의 총량을 **열방출률**(HRR)이라 부른다. 열방출률은 일정 시간 동안 소비된 연료의 질량에 해당 연료의 연소열을 곱한 것과 같다.

$$\dot{Q} \ [\text{kW}] = \dot{m}'' \text{A} \triangle \text{Hc}$$

여기서, $\dot{m}''$ [g/㎡·s]: 연소속도(질량감소속도), A [㎡]: 면적
$\triangle$Hc [kJ/g]: 연소열

위 식에서 **연소속도**는 연소에 의한 질량의 감소속도와 같다. 단위 [g/㎡·s]를 이용해 설명하면, 단위시간(s) 내에 단위면적(㎡)당 연소로 감소하는 가연물의 질량(g)을 나타내므로 이는 곧 해당 가연물의 연소속도가 된다. 그리고 **연소열**은 단위질량(g)의 가연물이 연소할 때 발생하는 열량(kJ)을 나타낸다. 휘발유를 예로 들면, 액면 1㎡의 휘발유가 1초 동안 연소될 때 약 55g의 휘발유가 감소한다. 즉 휘발유의 연소속도는 55[g/㎡·s]이 된다. 그리고 1g의 휘발유가 연소할 때 발생하는 열량은 43[kJ/g]이다. 연소속도와 연소열을 이용해 다음과 같이 휘발유의 열방출률을 계산할 수 있다.

$$\dot{Q} \ [\text{kW}] = \dot{m}'' \text{A} \triangle \text{Hc} = 55 \times 1 \times 43 = 2{,}403 \text{kW}$$

열방출률의 단위는 보통 W 또는 kW를 사용한다. 1W(와트) = 1 J/s이고 1 J(주울) = 0.24cal(칼로리)이므로 휘발유는 1초에 2,403kJ의 열량을 발생시키고 칼로리로 환산하면 576.7cal가 된다.

표 2-8 다양한 물질의 열방출률 비교

연소물	에너지 크기
담뱃불	5W
성냥불	50W
백열등	60W
쓰레기 화재	100~300kW
소파 화재	2MW
침대 화재	2.5~3MW
승용차 화재	3~8MW

출처: 화재공학 원론.

그림은 열방출률을 쉽게 이해하기 위한 실험 장면이다.

 그림 2-21 열방출률 비교 실험

서로 다른 크기의 두 용기에 각각 동일한 양의 가솔린 100mL가 담겨 있다고 한다면,

- 동일한 연료이므로 연소열은 동일하다.
- 연료의 양이 같으므로 에너지 총량은 동일하다.

- 표면적이 큰 쪽이 더 빨리 연소하므로 열방출률은 오른쪽이 높다.
- 오른쪽이 더 높은 열방출률(HRR)을 가지며 더 짧은 시간 내에 소비되지만, 소비되는 총 에너지의 양은 동일하다.

여기서 열방출률과 관련된 공식이 여럿 있는데 그중 몇 가지를 소개하자면, 먼저 실화재훈련의 표준인 NFPA 1403[8]에서 화재실에 플래시오버를 발생시키는 데 필요한 최소 열방출률 값을 추정하기 위해 Babrauskas의 식을 제안하고 있다.

※ Babrauskas의 열방출률 추정식

$$Q = 750A\sqrt{H}$$

　　여기서 Q: 플래시오버에 필요한 최소 열방출률 [kW]
　　　　　A: 개구부 면적 [m^2], H = 개구부의 높이 [m]

연습문제 ❹

너비 1.2m, 길이 2.4m의 합판을 연료로 실화재훈련을 하려고 한다. 플래시오버 셀에는 높이 2.03m, 너비 0.9m의 개구부가 설치되어 있다. 플래시오버 발생 조건을 구현하려면 몇 장의 합판이 필요할까?
(조건. 합판의 연소속도와 연소열은 화재공학 데이터를 참조하여 각각 11[g/$m^2 \cdot$ s], 11.9 [kJ/g]라고 한다.)

풀이

1) 먼저 훈련실의 플래시오버에 필요한 열방출률을 구한다.

$$\dot{Q}\ [kW] = 750 \times (2.03 \times 0.9) \times \sqrt{2.03} = 1,973kW \fallingdotseq 2MW$$

---

8) NFPA 1403 Standard on Live Fire Training Evolutions A.4.13.7 (2018 Edition).

2) 열방출률 공식으로 합판 1장의 열방출률을 구한다.

$\dot{Q}$ [kW] = $\dot{m}''$A△Hc = 11 × 2.88 × 11.9 = 376.9kW = 0.377MW

3) 합판 1장의 열방출률은 0.377MW이므로

2MW ÷ 0.377MW = 5.3

∴ 훈련실에 플래시오버를 발생하려면 5.3개의 합판 필요

연습문제 4를 참조하면, 플래시오버 셀을 이용한 실화재훈련을 위한 연료의 양을 대략 추정할 수 있다. 참고로 국내외 훈련장에서 운영하는 플래시오버 셀은 화재실의 천장과 벽에 합판 5장을 적재하고, 분해한 팔레트 1개를 추가하여 실화재훈련을 하고 있다.

열방출률과 관련된 또 다른 식은 Heskestad의 화염높이 계산식이다. 연소 중인 유류의 열방출률을 알면 이 계산식을 이용해 화염높이를 예상할 수 있다.

그림 2-22 플래시오버 셀 연료적재 모습(左-강원도소방학교, 右-중앙소방학교)

연습문제 ❺

윤활유가 직경 4m의 원형 바닥에 누출되어 점화원에 의해 화재가 발생한다면, 예상되는 화염의 높이는 얼마나 될까? 단, 윤활유의 열방출률(HRR)은 4,023kW라고 가정한다.

풀이

$$h = 0.235Q^{2/5} - 1.02D$$
$$= 0.235 \times (4,023)^{2/5} - 1.02 \times 4 = 2.42m$$

☞ 2.4m 높이의 화염발생 예측 가능

 그림 2-23   화염높이와 열방출률

그러나 Heskestad 식의 가장 큰 장점은 화염면의 직경과 화염높이를 알면 해당 가연물의 열방출률을 예측할 수 있다는 점이다.

$h = 0.235Q^{2/5} - 1.02D$에서

$\rightarrow Q = (\dfrac{h + 1.02D}{0.235})^{\frac{5}{2}}$로 식을 변형해 계산한다.

연습문제 ❻

정체불명의 유류가 직경 4m의 탱크바닥(원형)에서 연소중이고, 화염의 높이가 3m에 이르고 있다면, 연소 중인 유류의 열방출률(HRR)은?

풀이

$Q = (\dfrac{h + 1.02D}{0.235})^{\frac{5}{2}} = (\dfrac{3 + 1.02 \times 4}{0.235})^{2.5} = 4,982\text{kW}$

2.8. 열유속(Heat Flux)

화재 시 대부분의 열은 대류나 복사를 통해 전달된다. 이렇게 전달되는 단위면적당 열전달율을 **열유속**(Heat Flux)이라 한다. 다시 말해, 단위시간 내에 물체의 표면에 도달 또는 전달되는 단위면적(㎡)당 열량(kW)이다. 열유속은 열에너지의 크기와 방향을 나타내는 벡터량이며, 단위는 kW/㎡를 사용하는데 수치가 클수록 열전달이 빠르고 그 영향도 크다. 표는 한국산업안전보건공단의 자료[9]

9) 사고피해예측 기법에 관한 기술지침의 허용설계기준 별표1 복사열의 영향 판단 표(KOSHA

를 참고하여 열유속의 영향을 나타내보았다.

🏃 표 2-9 열유속의 영향

열유속	영향
1 kW/㎡	한여름의 직사광선
4 kW/㎡	맨살에 화상을 입힐 수 있는 정도
12.5 kW/㎡	목재, 플라스틱 착화를 유도할 수 있음
25k W/㎡	목재의 발화가 일어남
37.5 kW/㎡	장치 및 설비의 손상 발생

복사의 열유속을 계산하는 스테판볼츠만 식이 있다. 이 식을 통해 복사열은 절대온도의 4승에 비례한다는 절대원칙을 확인할 수 있다.

$$q = \sigma T^4 \quad ※ \text{스테판볼츠만 식}$$

여기서 σ(스테판볼츠만 상수): 5.67×10^{-11} [kw/m²K⁴]

  T: 절대온도(섭씨온도 + 273)

플래시오버는 천장부의 온도가 500~600℃일 때 발생한다. 500℃라고 가정할 때 바닥면에 전달되는 열량(열유속)을 계산하면 다음과 같다.

$$q = \sigma T^4 = 5.67 \times 10^{-11} \times (500 + 273)^4 = 20.24 \text{kW/m}^2$$

계산결과 천장의 온도가 500℃일 때 바닥에서 받게 되는 열유속은 1㎡당 20kW의 열량이다. 따라서 천장부 온도 500℃와 바닥면이 수열하는 열유속 20kW는 플래시오버 발생조건으로 여겨지고 있다.

GUIDE P−102−2012).

2.8.1. 열유속과 열량

열유속은 1㎡당 어느 정도의 열량을 전달할 수 있는가의 기준이 되기도 한다. 양초가 연소하고 있는 다음 그림을 보면, 왼쪽은 작은 초 1개, 중앙에는 작은 초 5개, 제일 우측은 작은 초 5개에 해당하는 굵은 초 1개를 놓고 각각 불을 붙여 연소시키고 있다.

그림 2-24 양초의 열유속과 열량 비교

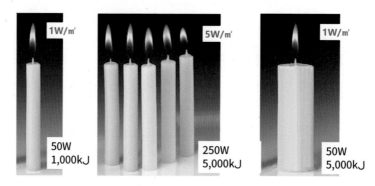

촛불의 온도는 약 1,100℃이다. 초가 몇 개가 되든 온도는 변하지 않는다. 그러나 단위시간당 방출하는 열량(W=J/s)과 초 하나가 방출할 수 있는 총열량을 나타내는 잠재에너지는 서로 다르다. 촛불 1개에서 방출되는 열량을 약 50W라 하고, 단위면적당 열량인 열유속을 1W/㎡ 그리고 작은 양초 하나가 다 탈 때까지 발생하는 총 에너지를 약 1,000kJ이라고 가정해보자.

촛불의 상부에서 느끼는 온도는 초의 개수가 증가한다고 해서 달라지지 않는다. 1개든 5개든 온도는 다같이 1,100℃ 근처가 될 것이다. 그러나 열량(W)과 열유속(W/㎡)은 다르다. 작은 초 1개의 열량이 50W이므로 작은 초 5개를 태울 때 열량은 250W가 된다. 물론, 열유속과 총 에너지도 5배가 되어 각각 5W/㎡, 5,000kJ가 된다. 그러나 부피가 5배인 초의 경우, 탈 수 있는 시간이 늘어났을 뿐 열량과 열유속은 작은 촛불과 같다. 그러나 다 탈 때까지 발생하는 에너지의 총량은 작은 초의 5배인 5,000kJ가 된다.

2.9. 화재하중과 화재하중 밀도

화재하중(Fire Load)이란 건물 또는 구획실 내에 존재하는 모든 가연물의 발열량 합계를 말한다. 연료의 양을 표현하는 것이므로 **연료하중**(Fuel Load)이라고도 한다.

화재는 실내 가연물의 양에 따라 화염의 규모와 성장속도가 크게 다를 뿐만 아니라, 연소하는 재질에 따라 화재 성상이 다르므로 가연물의 발열량을 동일한 값으로 비교할 필요가 있다. 그래서 각 가연물의 발열량 합을 목재의 단위발열량(4,500kcal/kg)으로 환산한 목재중량(kg)을 취하고, **하중**(Load)이란 단어를 붙여 사용한다. 따라서 화재하중이란 여러 재질로 이루어진 화재의 규모를 평가하고 비교하기 위한 지표로 화재의 성상이나 거동을 비교할 때 기본 요소로 이용되고 있다. 계산식은 아래와 같다.

$$화재하중\ \ q\ [kg] = \frac{\sum G_i H_i}{H} = \frac{\sum Q}{4,500}$$

$$화재하중\ 밀도\ \ Q\ [kg/m^2] = \frac{\sum G_i H_i}{HA} = \frac{\sum Q}{4,500A}$$

여기서, G_i: 가연물의 질량(kg) H_i: 가연물의 단위발열량(kcal/kg),

$\sum Q$: 가연물 전체발열량(kcal) H: 목재의 발열량(4,500kcal/kg),

A: 바닥면적(㎡)

화재하중을 해당 실의 바닥면적 A(㎡)로 나누면 화재하중 밀도(kg/㎡)가 된다. 단위바닥면적당 연료의 질량이 되는 것이다. 사무실의 화재하중 밀도는 10~20kg/㎡ 정도로 낮지만, 가구나 집기 등의 가연물이 많은 일반주택은 35~

60kg/㎡로 높은 편이다. 그리고 창고의 경우 200에서 1,000kg/㎡까지 올라간다. 화재하중 밀도가 높을수록 실내에 연소할 가연물량이 많고 그만큼 위험하다는 것을 알 수 있다.

화재하중 밀도를 kg/㎡ 대신 발열량 개념인 MJ/㎡ 단위를 사용할 수도 있다. 화재하중(kg/㎡)에 단위질량(하중)당 발열량(MJ/kg)을 곱해 MJ/㎡ 단위의 밀도 값을 구하는 것이다.

$$[kg/㎡] \times [MJ/kg] = [MJ/㎡]$$

예를 들어, 사무실의 화재하중 밀도가 약 20kg/㎡라면 여기에 목재의 발열량 20MJ/kg을 곱하면 약 400MJ/㎡의 화재하중 밀도를 계산할 수 있다. 건물의 용도에 따른 화재하중 밀도는 국내에 수많은 연구가 있어 왔지만 연구방법과 대상에 따라 화재하중 밀도에 많은 차이가 있다. [표 2-10]은 영국의 BS EN 7974 1에서 제시하는 건축용도별 화재하중밀도 평균값이다.

정리하면, 전체 가연물의 발열량을 합한 것이 화재하중이고, 화재하중을 실의 면적으로 나눈 것이 화재하중 밀도다. 그러나 용어를 정확히 구분하지 않고 화재하중 밀도를 화재하중으로 소개하는 자료도 많다. 하중이든 밀도든 실내에

표 2-10 영국 건축용도별 화재하중 밀도 비교(영국: BS EN 7974 1)

건축물 용도	화재하중 밀도(MJ/m2) - BS 7974 평균값
주거시설	780
사무실	420
학교	285
병원	285
호텔(객실)	310
상점	600
창고	1,180

출처: 인텔리전트 빌딩의 화재확산 지연 시스템 개발, 가천대학교, 2015.

단위질량당 발열량이 높은 물질이 많으면 그만큼 화재하중과 밀도는 높아진다. 합성고분자 물질이 많은 현대의 주택은 과거와 비교해 화재하중과 밀도가 월등히 높아졌다고 할 수 있다.

2.10. 화재가혹도(Fire Severity)

화재가혹도란 화재의 크기로서 화재로 인한 피해 정도를 나타내며, 화재실 온도가 높을수록 지속시간이 길수록 화재가혹도는 커진다.

$$화재가혹도 = 최고온도(화재강도) \times 지속시간(화재하중)$$

최고온도는 열방출속도와 방열이 결정한다. 열방출속도가 클수록, 방열이 적을수록 열 축적이 쉬워 화재실의 최고온도는 증가하는데 이를 **화재강도**라 표현한다. 방열은 화재실의 벽, 천장 등의 단열성능에 의해, 열방출 속도는 연료의 특성과 환기요소에 의해 결정된다.

지속시간은 화재하중을 연소속도로 나눈 값으로 화재하중이 클수록 연소 지속시간은 길어진다. 여기서 **화재하중**은 화재실 내에 존재하는 가연물의 양을 말하는데, 다양한 가연물들을 표준화하기 위해 목재의 발열량으로 등가환산하여 사용한다.

화재하중이 크면 그만큼 탈 수 있는 가연물이 많다는 것이므로 지속시간도 길어지고 진압을 위한 주수시간도 길어진다. 즉 화재하중은 **주수시간**을 결정하는 인자가 된다. 반면, 최고온도를 뜻하는 화재강도는 크면 클수록 화재진압을 위한 주수량을 늘려야 하므로 화재강도는 **주수량**을 결정하는 인자가 된다. 결국, 화재강도와 지속시간으로 나타내는 화재가혹도는 각각 주수량과 주수시간을 반영한 **주수율**을 결정하게 된다.

$$화재가혹도 = [주수량(\ell\,/\text{m}^2) \times 주수시간(\text{min})] = 주수율(\ell\,/\text{m}^2 \cdot \text{min})$$

2.11. 화재플럼(Fire Plume)

화재초기 성장단계에서 화염은 열기류를 형성한다. 화재가 대규모 공간이나 옥외의 개방된 곳에서 발생할 경우 이 화염기류는 큰 장해 없이 상승하고 그 주위의 공기가 화염 쪽으로 빨려 들어간다. 이때 화염보다 온도가 낮은 공기는 화염의 온도를 낮추는 역할을 한다.

화재플럼(Fire Plume)은 부력에 의해 상승하는 화염기둥의 열기류를 말한다. 부력은 밀도차 때문에 발생하고 밀도는 가스의 온도에 반비례한다. 즉, 고온의 연소가스는 주변의 차가운 공기보다 밀도가 낮아 가벼워지고 부력이 생겨 수직으로 상승하게 되는 것이다.

온도차 → 밀도차 → 부력 발생(중력의 반대 방향)

고온의 가스가 상승할 때 저항이 작용하여 기류의 운동량이 주위로 확산되는데, 이로 인해 기류의 경계부근에 와류가 발생하고 주변의 차가운 공기가 유입 또는 인입(Entrainment)된다. 이러한 인입속도는 화염의 높이와 화재플럼의 성질을 결정하기도 한다.

연소는 열분해된 가연성가스가 공기와 혼합됨으로써 발생하지만, 모든 가연성가스가 공기와 혼합되어 연소되는 것은 아니다. 특히 불완전연소인 경우 화학변화에 의해 발생한 연소생성물도 함께 연기로 상승하게 된다. 주위의 공기를 빨아들이면서 상승하는 이러한 상승기류는 연소생성물을 구획상부에 체류시켜 정압영역의 연기층을 형성하게 된다. 그리고 상승하는 플럼가스가 국부적으로 주변 공기의 온도까지 냉각되면 부력은 0이 되고, 플럼의 상승은 정지되는데 이것은 화재실에서 **단층화**(Stratification) 발생의 원인이 되기도 한다.

인입된 공기도 마찬가지로 연기 및 열분해 생성물과 혼합되는데 공기는 연소를 도와주는 산소를 약 21% 머금고 있어서, 이 혼합으로 인해 연소를 지속하거나 확대가 이루어지는 원인이 되기도 한다.

 그림 2-25 화재플럼

출처: Flame Spread and Fire Behavior in a Corner Configuration /Fig 9, p.12.

 표 2-11 화재플럼의 영역 구분

구분	화염	유속 등
부력 영역	화염이 존재하지 않는 영역	높이에 따라 유속과 온도가 감소되는 영역
간헐화염 영역	화염이 간헐적으로 존재와 소멸이 반복되는 영역	거의 일정한 유속이 유지되는 영역
연속화염 영역	지속적인 화염이 존재하는 영역	연소가스의 흐름이 가속되는 영역

구획실 화재는 개방된 공간보다 복잡한 과정을 거쳐 발달한다. 이러한 공간에서 일어나는 화재를 **구획화재**(Compartment Fire)라고 부른다. 당연히 구획실 내부의 연료와 산소의 양에 따라 발달 양상이 달라진다. 특히 구획실 안의 연기는 연소범위에 들지 않은 가연성가스 혼합기가 많아 불완전연소 상태일 경우가 많고, 언제라도 연소범위에 들면 연소가 일어날 수 있음에 주의해야 한다.

연기는 가연물의 연소생성물이다. 고분자 화합물인 플라스틱의 경우 다수의 탄화수소 분자로 이루어진 복잡한 결합체로서 열에 노출되면 결합은 약해지고 분해가 쉬워진다. 이 분해에 의해서 연료원인 탄화수소 분자가 방출되는데, 이 분자가 공기와 완전히 혼합하는 것은 불가능하므로 혼합물 중에는 불완전연소 연료가 대량으로 존재하게 되고 그 결과, 대량의 검은 연기가 생성된다. 구획화재는 화재플럼의 미연소 연료와 더불어 주위의 벽이나 가구 등의 가연물에서 열분해로 발생하는 기체연료도 실내에 존재한다. 이러한 열분해는 일반적으로 250℃ 이상의 온도에서 발생하는데, 소화된 이후라 하더라도 그 온도가 유지되는 한 열분해는 계속된다. 산소농도가 15% 이하로 떨어지면 연소는 계속할 수 없게 되지만, 이때에도 가연물 온도가 열분해 온도를 넘으면 장시간 열분해를 계속 이어갈 수 있다. 그 사이 가연물은 계속 분해되고 연료의 농도는 증가한다. 이때 출입문 등의 개구부가 부주의하게 형성될 경우, 열분해 된 연료가 인접구획으로 흘러들어 화재가 재연되거나 화재가스 발화(FGI) 또는 연기폭발(Smoke Explosion)을 일으킬 수 있다.

2.12. 열성층(Thermal Layering)

일정 온도와 압력에서 기체의 부피(V)는 압력(P)에 반비례하고 온도(T)에 비례한다는 **보일-샤를의 법칙**이 있다.

보일의 법칙		샤를의 법칙		보일·샤를의 법칙
$PV = K$	$+$	$\dfrac{V}{T} = K$	$\Rightarrow$	$\dfrac{PV}{T} = K(상수)$
$V \propto \dfrac{1}{P}$		$V \propto T$ 관계		$V \propto \dfrac{T}{P}$ 관계
(부피와 압력 반비례)		(부피와 온도 비례)		

부피와 압력의 반비례 관계는 보일(Boyle)이 발견한 법칙이고, 부피와 온도의 비례관계는 샤를(Charles)의 법칙인데 온도와 압력에 따른 기체의 성질을 설명하기 위해 두 법칙을 하나로 조합해 사용한다.

게이뤼삭은 샤를의 법칙을 발전시켜, 기체의 부피는 온도에 대하여 일정한 정수비를 가진다는 것을 발견하였다. 일정 압력 하에서 기체를 가열하면 모든 기체는 온도가 1℃ 상승할 때마다, 0℃ 때의 부피(V_0)의 1/273씩 증가한다는 사실이다. 이는 가스계 소화설비의 약제량을 구하는 공식에 선형상수로 이용되기도 한다.

샤를의 법칙에 따르면 일정 압력에서 기체의 부피(V)는 온도(T)에 비례한다. 이를 화재에 적용하면 구획실의 공기는 가열되면 부피가 증가해 팽창하고, 부피가 증가하면 그만큼 밀도는 낮아지고 가벼워진다는 것을 예상할 수 있다. 그렇게 팽창된 고온의 열기류는 상승하여 천장 부근에 모이기 때문에 가장 온도가 높은 기체가 최상층을 형성하고 온도가 낮은 기체는 최하층을 형성한다. 실내 온도가 이렇게 층화하는 현상을 **열성층**(Thermal Layering)이라 하며, 이깃이 안정적인 균형을 이룰 때 **열균형**(Thermal Balance)이라고 한다.

문제는 그러한 열균형이 소방관에 의해 파괴되고 이로 인해 실내에 활동 중인 대원의 위험을 초래한다는 사실이다. 효과적인 기상냉각은 고온의 연소가스를 냉각시키고, 그것들을 수축시켜 열성층이나 중성대를 가능한 한 흐트러뜨리지 않고 대원의 시야를 확보하게 해준다. 사실, 방수된 물이 수증기로 팽창하는 것보다 냉각에 의해 연소가스가 수축하는 효과가 훨씬 더 크기 때문에 제대로만 시행한다면 가스냉각은 열성층(Thermal Layering)을 흐트러지게 하

그림 2-26 열성층

지 않는다.

　수증기는 실내온도를 냉각시킬 뿐만 아니라 부피팽창 효과로 인해 화염이나 실내 가연성가스를 희석시킬 수 있으며 이는 우리가 화재진압에 물을 사용하는 이유이기도 하다. 그러나 과도한 수증기 발생은 연소를 확대시키고 건물 내부에 요구조자나 진입대원에게 화상 등의 부상을 입히는 원인이 되기도 한다.

　수증기가 증발하면서 열을 흡수하는 냉각효과와 팽창에 의해 공기 중의 산소농도를 떨어트리는 질식효과를 얻을 수 있다. 구획화재 시 의도적으로 열성층

 그림 2-27 화염 밀어내기(Pushing Fire)

(Thermal Layering)을 붕괴시킴으로써 진압작전을 펼치기도 하지만 이 방법은 수증기로 인해 화염을 인접한 실로 밀어내는 **화염 밀어내기**(Pushing Fire) 효과로 인해 연소확대를 초래할 수 있다. 실내에 아무도 없거나 구획실 외부에서 실시하는 것이 좋다. 구획이 좁고, 출입구가 하나밖에 없을 때는 출입구를 향해 수증기가 되돌아 올 우려가 있으므로 출입구 부근에서 방수하고 있을 때는 주의해야 한다. 또 주수 방향의 맞은편에서 활동할 때도 Pushing Fire로 밀려난 열기에 노출되지 않도록 주의해야 한다.

2.13. 천장제트 흐름(Ceiling Jet Flow)

화재플럼이 천장에 도달하면 가스는 벽과 같은 수직 장애물을 만나기 전까지는 천장을 따라 수평으로 이동하게 된다. 이를 **천장제트 흐름**(Ceiling Jet Flow)이라고 한다.

일반적으로 천장제트 흐름은 화재실 층고의 10%에 해당하는 두께를 형성한다. 층고가 보통 3m라고 하면 10%인 30cm 내외가 된다. 스프링클러 헤드를

 그림 2-28 천장제트 흐름

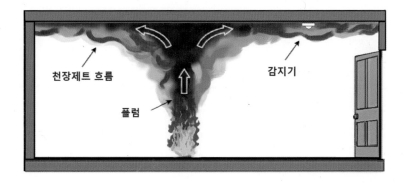

부착면과 30cm 이내에 설치하는 것은 천장제트 흐름의 열기에 헤드가 빠르게 반응할 수 있기 때문이다. 감지기 또한 마찬가지다. 그러나 천장과 반자의 높이가 20m 이상인 장소는 열감지기를 설치하지 않는다. 대신 불꽃감지기나 아날로그 방식의 광전식 연기감지기를 설치한다.[10] 층고가 높으면 열기류가 상승하면서 쉽게 냉각되므로 천장제트 흐름의 형성이 어렵고 그만큼 열감지기의 작동이 지연되거나 불가능하기 때문이다.

---

10) 자동화재탐지설비 및 시각경보장치의 화재안전기준(NFSC203) 제7조(감지기) 참조.

※ 해양경찰교육원 소화 · 방수 훈련장

그림 2-29 경유를 이용한 선박 엔진룸 실화재훈련

출처: 해양경찰교육원 제공.

그림 2-30 LPG를 이용한 선실(주방) 실화재훈련

출처: 해양경찰교육원 제공.

03

구획화재 거동
(Compartment Fire Behavior)

구획화재의 성장속도는 구획실 내의 **공기량**과 **연료**의 특성에 큰 영향을 받는다. 이 두 가지 요소 중 어느 것이 지배적인 우위를 차지하느냐에 따라 **환기가 지배하** 는 화재와 **연료가 지배하**는 화재로 구분한다.

구획화재 거동(Compartment Fire Behavior)

3.1. 구획화재(Compartment Fire)

건물의 거실 등과 같이 구획된 실내 공간의 화재를 **구획화재**(Compartment Fire) 또는 **구획실 화재**라고 부른다. 구획화재의 성상은 가연물의 성질뿐만 아니라 구획의 형태, 크기, 벽체의 열 특성, 개구부 크기 등의 건축적 조건에 크게 의존하며 구획 공간 특유의 연소성상과 거동을 나타내며 다음의 단계를 거쳐 발달하게 된다.

- 발화
- 성장기
- 최성기
- 쇠퇴기

구획실이 가열되면 아직 연소되지 않은 가연성가스가 상승하여 천장 부근에 체류하기 때문에 구획실 상부 영역은 정압 즉, 양압(+) 상태가 된다. 이 영역을 **정압영역**(Positive Pressure)이라고 한다. 그리고 구획실 하부는 상부보다 차가워져 **부압영역**(Negative Pressure)이 만들어진다. 이 두 개의 영역 사이에는 압력의 차이가 발생하고 구획이 개방되어 있으면 정압영역에서 가스와 연기 등이 배출되고 부압영역으로는 외부의 공기가 유입된다.

이 두 개의 영역이 서로 가까워질수록 압력 차이는 점점 작아지는데, 차압이 0이 되는 부분을 **중성대**(Neutral Plane)라고 한다. 화재실은 중성대를 중심으로 위는 정압, 아래는 부압이 형성된다. 그리고 이 중성대는 화재상황에 따라 상승도 하고 하강도 하지만 실내가 열 균형 상태에 있을 때는 안정된 상태를 유지한다. 그러나 부적절한 방수 등으로 열성층(Thermal Layering)이 파괴되면 정압과 부압의 균형이 무너져 상부에 있던 고온의 열기류가 요동하며 실내 전체로 확산되고 대원이나 요구조자에게 고스란히 전달될 수 있다.

중성대의 변화와 연기이동 경로 그리고 연기의 속도를 관측하는 것은 화재가 어떤 단계에 있는지를 이해하기 위한 기초가 된다. 리스크를 정확하게 평가하고 가장 효과적인 전술을 채택하기 위해서는 실제 화재거동을 정확하게 읽어내 이해할 필요가 있다. 이것을 **화재읽기**(Fire Reading)라고 한다.

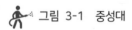 그림 3-1   중성대

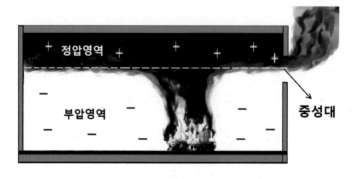

3.2. 구획화재의 성장

3.2.1. 발화(Incipient)

어떤 열에너지에 의해 물체가 가열되고 최초 발화가 일어나면서 성장의 첫 단계가 시작한다. 발화가 일어나기 이전의 가열단계를 **잠복기**라고 하여 달리 구분하는 경우도 있으나 보통 가열단계를 포함하여 화재성장의 초기 단계로 분류하고 있다. 잠복기는 직접적인 화염이나 연기의 발생이 없고 가연물의 열분해가 진행되는 과정이다. 분해된 가연성가스의 농도와 같은 물적 조건과 발화에 필요한 열의 축적, 즉 온도와 같은 에너지 조건이 충족될 때 발화가 일어나고 화재의 성장이 시작된다. 그 물체가 스스로 충분한 연료를 가지고 있거나 주변에 충분한 연료가 있다면 발화 이후 화재성장 곡선은 상승하겠지만, 그렇지 않다면 성장곡선은 완만히 지속되다가 하강해 사라질 것이다.

3.2.2. 성장기(Growth)

화염은 접촉면을 통한 열전도뿐만 아니라 열에너지가 방사상으로 주위 물체에 복사되고, 복사는 인접한 물체를 가열하여 열분해를 일으키게 한다. 이러한 열전달의 과정을 통해 연소속도는 증가하고 화재는 성장을 하게 된다.

화재의 성장속도는 가열되는 가연물의 재질과 형태에 따라 다르다. 최근의 건축 내장재와 수용물의 상당수는 합성물질로 만들어지고 있다. 합성물질은 천연 가연물에 비해 통상 2배 이상의 높은 발열량을 가지고 있으며 발연량과 연소속도도 빨라 화재성장 속도를 급속히 가속 시킨다. 특히 열가소성 물질의 경우 바닥에 녹아 흘러서 액면화재(Pool Fire) 양상을 보이기까지 한다.

상승하는 열기류는 공기는 물론, 열분해로 발생하는 가연성가스나 연소생성물도 화재플럼으로 끌어들여 온도를 높인다. 가열된 가연성가스는 상승하여

그림 3-2 싱가포르소방학교 롤오버 시연

천장 부근에 쌓이게 되고 정압(Positive Pressure) 영역을 형성한다. 천장 부근의
온도가 상승함에 따라 가연성가스는 발화온도에 근접하고 산소와 혼합된 부분
이 연소하면서 천장면을 구르는 양상의 화염을 발생시킨다. 이 현상을 **롤오버**
(Roll Over)라고 부른다.

　롤오버가 발생하면 복사열에 의해 나머지 가연성가스도 급속히 가열되어
발화한다. 이 열에 의해 구획 전체가 가열됨으로써 가연물의 열분해는 더욱 증
가하고 이때 천장 아래 축적된 미연소가스와 실내 가연물 표면이 한꺼번에 착
화되어 실 전체가 화염으로 휩싸이는 **플래시오버**(Flash Over)가 발생한다. 플래
시오버 발생시간은 롤오버 목격 후 수초에서 수 십초 밖에 걸리지 않는다고
한다.[1]

3.2.1.1. 화재의 성장 속도

　발화 이후부터 플래시오버 도달 직전까지의 시기를 성장기라고 부른다. 보
통 성장기의 화재는 시간의 제곱에 비례하여 성장하기 때문에 기울기가 가파르
게 상승하는 곡선의 형태를 갖는다.

---

1) The Flashover Phenomenon, Drager, p.4.

$$Q = at^2$$

여기서, Q: 열방출률(W), a: 화재성장속도 상수
t: 1MW에 도달하는 데 걸리는 시간(sec)

NFPA 72[2])는 화재를 그 성장 속도에 따라 네 단계로 구분한다. 열방출률이 1,050kW(약 1MW)에 도달하는 시간을 기준으로 Slow, Medium, Fast, Ultra fast 로 구분하고 있는데 1MW의 열방출률은 소화기로는 진압이 불가능해 스프링클 러헤드 개방의 기준이 되기도 한다. 석유류는 Ultra Fast, 플라스틱이나 얇은 합판가구는 Fast, 두꺼운 목재가구는 Medium, 천연섬유 소재 등은 Slow에 해당하며, 열분해가 쉽고 두께가 얇을수록 성장속도가 빠르다.

 그림 3-3 화재성장속도

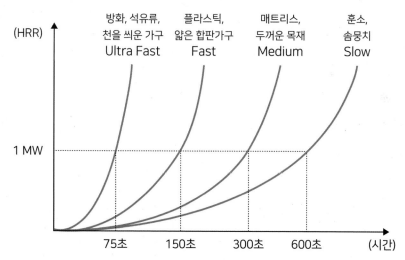

출처: NFPA 72, 92B 참조.

성장속도는 성능위주설계에서 설계화재 계산에 많이 사용된다. 주차장의

---

2) NFPA 72 National Fire Alarm Code(화재경보설비 기준).

승용차나 공동주택의 침대 등 가연물의 연소실험 데이터를 근거로 성장속도를 선정하여 설계화재에 적용한다. 그리고 그렇게 적용한 설계화재에서 발생하는 열과 연기의 독성 그리고 가시거리 등을 사람의 호흡한계선(바닥으로부터 1.8m 높이)에서 측정하여 피난에 필요한 시간을 결정하게 된다. 이때 적용하는 기준은 소방청 고시[3])에 따라 온도는 60℃, 가시거리는 5m, 독성에 의한 영향은 일산화탄소(CO) 1,400ppm, 산소(O_2) 15% 이상, 이산화탄소(CO_2)는 5% 이하의 기준을 적용한다. 이 중 어느 하나라도 먼저 도달하는 시간을 찾아내고 그 시간이 곧 인명안전의 한계가 되고, 여기에 여유시간을 두어 피난허용시간을 계산한다.

3.2.1.2. 화재 위치에 따른 성장비교

구획화재는 발생위치에 따라 공기인입 효과가 달라서 화재성장의 양상도 달라진다. 실 중앙에서 발생할 경우 주위 모든 방향에서 공기가 유입되고 상승기류에 의해 연소가 확대되지만, 유입된 공기에 의해 가연성가스와 연기가 냉각되므로 화염의 높이는 짧아진다. 그리고 천장면에 축적되어 있는 미연소 연료의 상층부까지 화염이 도달하지 않을 가능성이 크다.

그러나 공기가 풍부한 상태에서 연소가 지속된다면 열분해된 미연소 연료가 천장면에 더 많이 축적되어 양압 상태의 층은 두꺼워지고 농도도 높아져 중성대는 낮아질 것이다. 화재성장의 진행은 느리지만 공기의 양에 따라서는 대원에게 위험한 상황이라고 할 수 있다.

화재가 벽면이나 구석진 모서리에서 발생할 경우, 실의 중앙과 달리 공기유입이 크게 제한된다. 즉 주위 공기에 의한 냉각이 적어 부력영역은 높은 온도를 유지할 수 있고, 연소율이 높아지면서 더 많은 산소와 반응하기 위해 화염은 더욱 높이 올라간다. 중앙에 비해 공기가 유입되는 영역은 작지만, 동일한 양의 연료라면 시간당 산소 소비량은 같기 때문에 공기가 유입되는 속도가 빨라지고 그만큼 상승하는 불꽃도 오래가고 화염은 길어지게 된다. 또한 실 중앙과 달리

---

3) 「소방시설 등의 성능위주설계 방법 및 기준」 별표 1의 3. 시나리오 적용 기준.

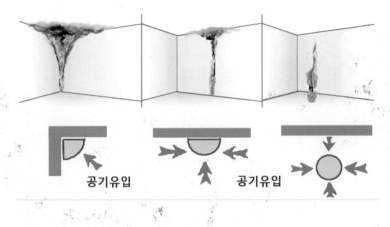

그림 3-4 화원의 위치에 따른 화염의 높이와 형태

공기유입 　　　　　　　공기유입

화염 접촉면의 전도에 의한 화재확산의 기회도 증가한다.

- **구석진 곳의 화염확산이 빠른 이유**(화염길이가 더 긴 이유)

  벽에 접한 면적 증가 → 유입공기량 제한 → 높은 온도 유지 → 벽면에서 연료표면으로 복사열 증가 → 연료증기 생성 증가 → 연료증기의 완전연소를 위한 더 많은 산소를 찾아 화염높이는 길어지고 산소와의 접촉면을 늘린다.

  또한 실의 모서리와 같이 주위가 둘러싸인 경우는 주위로 방사되는 복사에너지 소모가 적어 열에너지 축적이 용이하고 이것이 연소를 촉진시켜 화염의 성장에 영향을 준다. 성장기에는 공기소비도 효율적으로 이루어지기 때문에 공기가 제한되어 있어도 천장면까지 화염이 도달할 가능성이 있으며, 이 화염이 천장 아래 열분해된 미연소 연료층에 닿아 점화에너지로 작용한다면 초기 단계에서도 롤오버가 발생할 수 있다.

3.2.3. 최성기(Fully Developed)

성장기의 완성 단계에서 플래시오버가 발생한다. 플래시오버는 국소적으로

🏃 그림 3-5 최성기 화재

출처: 울산 중부소방서 제공.

진행하던 화염이 구획실 전체로 확산되는 시점이며, 성장기의 막바지이면서 최성기가 시작되는 전이 단계라고 할 수 있다. 그래서 플래시오버는 건축물의 방화구조와 내화구조의 기준이 된다. 구획실 전체 표면이 화염에 휩싸이기 전에는 마감재 등의 방화성능이 중요하다. 그러나 전체 표면의 착화와 플래시오버가 발생하고 나면 방화성능은 의미가 없다. 이때부터는 장시간의 고열에 구조체가 얼마나 견디느냐, 즉 내화구조가 힘을 발휘하는 시기다. 건축법령에서 바닥, 벽, 천장 등의 구조별 필요한 내화시간을 규정하고 있는 것은 바로 플래시오버 이후 건축물의 구조적 안전성을 확보하기 위한 것이다. 플래시오버는 뒤에 좀 더 자세히 다루기로 하자.

최성기는 거의 대부분 플래시오버로 시작한다. 부분화재가 순식간에 구획실 전체화재로 발전하면서 화염이 외부로 분출하기 시작한다. 이는 연료에 비해 산소가 부족한 환기지배형 화재로 양상이 바뀌면서 과도해진 가연성가스가 개구부 등으로 유출되면서 화염이 분출하는 것이다. 현장 도착 시 일부 개구부에서만 화염이 분출되는 것이 아니라 모든 개구부에서 화염분출이 목격된다면 이

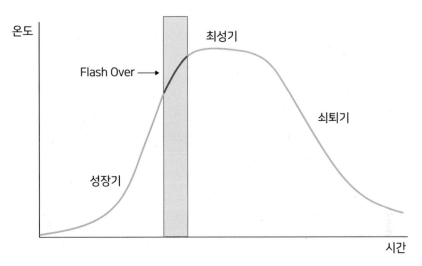

그림 3-6 화재성장 곡선(플래시오버)

미 최성기에 접어든 것이라 판단해야 한다.

완전히 발달한 최성기 화재는 실내에 있는 연료의 양에 따라 몇 시간 동안 지속될 수 있다. 온도는 보통 800~900℃에서 형성되는데, 실내에 연료가 충분하고 연소를 위한 산소가 계속 공급되는 한 이 온도는 한동안 계속 유지된다고 보아야 한다. 최성기는 인간이 생존할 수 없는 조건이다. 따라서 이때부터는 인명의 안전보다는 건축물의 붕괴를 방지할 수 있는 내화구조의 성능이 중요해진다.

3.2.4. 쇠퇴기(Decay)

화재실의 연료가 거의 소진되고 더 이상 가연성 혼합기를 생성하지 못하면 화재는 소멸하기 시작한다. 이 단계를 화재의 쇠퇴기라고 부른다. 성장기 중이라도 산소농도가 너무 낮으면 충분한 가연성 혼합기를 생성하지 못하고 화재는 잦아드는데 이렇게 최성기를 거치지 않고 바로 쇠퇴기로 진행하기도 한다.

최성기는 산소가 부족하므로 환기가 화재를 지배하는 **환기지배형** 화재였지만 쇠퇴기로 접어들면서 화재는 다시 **연료지배형** 화재로 전환된다. 개구부로 들어오는 산소의 양은 많은데 연료는 거의 소진상태이므로 연료가 화재를 좌우하기 때문이다. 쇠퇴기는 생각보다 오래 지속될 수 있다. 최성기는 물론 쇠퇴기에 이르기까지 오랜 시간 고열에 노출된 건축물의 구조체는 강도를 잃고 국소적으로 또는 건물 전체가 완전히 붕괴되는 경우도 발생한다. 참고로 콘크리트는 500℃에서 강도의 25% 내외를 상실하고 강재(Steel)는 500℃에서 50%의 강도를 잃는다고 한다.

3.3. 플래시오버(Flash Over)

구획화재에서 가장 주의해야 할 화재현상으로 플래시오버와 백드래프트가 있다. 플래시오버는 열에 기인하는 현상이고 백드래프트는 산소의 공급 상황에 따라 발생하는 현상인데, 두 가지 모두 대원에게 치명적인 위험이 될 수 있다.

연소 중인 가연물에서 화학반응을 통해 발생한 가연성가스, 그리고 인접한 가연물에서 열분해된 가연성가스가 함께 축적된 상태에서 단번에 발화하는 경우 폭발적인 연소가 일어나 국부화재가 구획실 전체 화재로 전환되는데 이러한 현상을 **플래시오버**(Flash Over)라고 한다. NFPA도 같은 내용으로 플래시오버를 정의하고 있다.[4]

> 구획화재가 성장할 때 열복사에 노출된 표면이 거의 동시에 발화온도에 도달하면서 화재가 공간 전체로 빠르게 확산되어 구획실 전체가 관련되는 전실화재로 전환되는 단계

그 외에도 여러 가지 정의가 있지만, 기본적으로 공간 내의 모든 가연물이

---

4) NFPA 1403 Standard on Live Fire Training Evolutions, 2002 Edition.

그림 3-7   플래시오버

출처: 울산 북부소방서 제공.

발화하는 온도에 이른다는 점에서 큰 차이는 없다. 이때의 온도는 주어진 조건
에 따라 차이가 있어 특정지을 수는 없지만 보통 천장의 복사열원의 온도가
500℃ 이상일 것을 요구하고 있다. 이것은 열분해에서 가장 일반적으로 발생하
는 일산화탄소(CO)의 발화온도(약 609℃)와 관련이 있다.

플래시오버가 일어나기 전까지 화재의 성장으로 실내 온도는 급격히 상승
하고 더 많은 물질이 연소에 관여하면서 가연성가스가 계속 발생해 축적되어
간다. 이때 플래시오버가 발생하면 실내의 가연물은 물론, 열분해로 인해 발생
한 가연성가스도 연소되기 때문에 실내가 완전히 불길에 휩싸이게 된다. 플래시
오버가 발생한 실내는 1,000kW 이상의 열이 방출된다. 만약 실내에 사람이 있
더라도 생존할 가능성은 거의 없다. 방화복을 착용한 소방대원에게도 플래시오
버가 발생한 실내는 매우 위험한 상황이다.

3.3.1. 플래시오버 징후(Warning Signs)

현장도착 시 이미 개구부를 통해 급격한 화염분출이 일어나고 있다면 실내
는 이미 플래시오버가 발생한 것으로 보아야 한다. 물론 당장의 내부진입은 불

가능하다. 그러나 화염보다는 연기가 분출하고 있는 상황이라고 해서 상황확인 없이 무조건 뛰어드는 것도 위험하다. 플래시오버 발생 징후의 확인과 이에 따른 판단이 필요하다. 플래시오버의 징후는 다음과 같다.

- 개구부가 있는 구획된 실에서 발생한 화재로 실내 온도가 급격히 상승한다.
- 개구부에서 중성대의 급격한 하강이 관찰되고 배출되는 연기와 가스의 양이 증가한다.
- 복사열이 급격하게 증가하면서 실내의 모든 가연성물질의 표면과 바닥에서 열분해가 발생하고 분해가스가 방출된다.
- 천장에서 불꽃이 발생되고 산소를 찾아 확산되는 롤오버가 발생한다.

3.3.2. 플래시오버 전후 연소 비교

플래시오버 이전, 화세가 약한 화재 초기에는 아직 산소가 충분한 상태이므로 연소 양상은 공기량 보다는 연료의 특성에 따라 결정되는데, 이를 **연료지배형 연소**라고 한다. 이때는 연료인 가연물의 질량이 감소되는 속도가 곧 연소속도가 된다.

$$\text{Flashover 이전 연소속도 } \dot{m}'' \ [\text{g/m}^2 \cdot \text{s}] = \dot{q}''/\text{L}$$

여기서, $\dot{q}''$: 순수 열유속, L: 연료의 기화열

이 연소속도에 연소열을 곱해 열방출 속도를 구할 수 있다.

$$\text{Flashover 이전 열방출률 } \dot{Q} \ [\text{kW}] = \dot{m}'' A \Delta H_c$$

여기서, $\dot{m}''$: 연소속도, A: 면적, ΔH_c: 연소열

플래시오버 이후는 산소가 소진되어 부족한 상황이므로 화재는 산소의 양에 의존하게 된다. 환기여부에 따라 연소의 양상이 달라지므로 **환기지배형 연소**가 되며 이때의 연소속도는 공기유입 속도라고 할 수 있다. 즉, 환기요소인 개구부의 면적과 높이의 영향을 받게 된다.

$$\text{Flashover 이후 연소속도 } V \text{ [kg/s]} = 0.5 A \sqrt{H}$$

여기서, V 개구부 면적 [㎡], H: 개구부 높이 [m], ※ 환기요소: $A\sqrt{H}$

여기에 연소열을 곱하면 열방출속도 즉, 열방출률을 구할 수 있다.

$$\text{Flashover 이후 열방출률 } \dot{Q} \text{ [kW]} = 0.5 A \sqrt{H} \times \Delta H_c$$

여기서, ΔH_c: 연소열

연료지배형 연소와 환기지배형 연소는 3.6. **구획화재를 지배하는 연료와 환기** 부분에서 한 번 더 다루기로 하자.

3.4. 환기부족 상황의 화재 성장

다시 말하지만, 구획화재는 산소가 부족해지면 환기 여부에 따라 화재양상이 달라지므로 그 이후부터 환기지배형 화재로 진행된다. 공기가 추가로 공급되지 않으면 화세는 서서히 줄어들고 온도는 하강할 것이다. 그러나 환기만 다시 제공된다면 화재는 재개될 수 있으므로 연료가 소진되는 쇠퇴기와는 조금 다른 상황이다. 이렇게 실내의 산소를 소비하고, 더 이상 산소가 공급되지 않는 상태를 **환기부족**(Under ventilated) 또는 **환기제한**(Ventilation limited) 상황이라고 한다.

환기제한 상황의 구획화재가 성장하는 과정에 대해 좀 더 자세히 살펴보자. 산소가 부족하면 화재는 플래시오버로 진행되지 않는다. 오히려 연소반응이 줄어들면서 화재강도는 감소하고 온도는 내려간다. 그러나 여전히 많은 양의 열분해 고온 가스가 축적되어 있으므로 구획실 내 연료표면의 냉각속도는 더디게 진행된다.

만약 창문이나 출입문 등의 개방으로 환기부족 상황이 해제되고 화재성장이 지속된다면 플래시오버도 발생할 수 있지만, 지금의 환기제한 상황은 구획실 내 연소되지 않은 다량의 연기가스가 존재하지만 산소농도는 낮은 상황이다. 소방대가 현장에 도착하는 시기에 화재는 보통 다음과 같은 다섯 가지 시나리오로 진행될 수 있다.

1. 화재가 숨을 쉬듯 요동한다. (맥동)
2. 화재가 저절로 소화된다. (자동소화)
3. 화재가 다시 성장을 재개한다. (성장 재개)
4. 화재가스가 자동으로 발화한다. (화재가스 발화)
5. 백드래프가 발생한다. (백드래프트)

3.4.1. 맥동(Pulsation)

환기지배형 화재에서 열방출 속도는 구획실 내 산소량의 지배를 받는다. 산소의 양에 따라 화염은 숨을 쉬는 것처럼 들숨과 날숨을 뱉어내는 양상으로 진행되기도 하는데 이를 **맥동**(Pulsation)이라고 한다.

맥동은 산소부족으로 인해 열방출이 줄어들면서 시작한다. 온도가 떨어지면 화재실 내 가스의 체적이 감소하면서 부압이 발생한다. 이로 인해 상대적으로 압력이 높은 외부 공기가 화재실로 빨려 들어갈 수 있는데, 이때 가연성 가스와 반응하면서 연소가 일어나고, 다시 부피가 증가하여 양압 상태가 만들어지면 개구부 등을 통해 연기(Smoke)와 가연성가스(Gas)가 외부로 배출된다. 이때의 연기와 가연성가스를 **스모크가스**(Smoke Gas) 또는 **화재가스**(Fire Gas)라고 한

 그림 3-8 맥동을 나타내는 화재성장 곡선

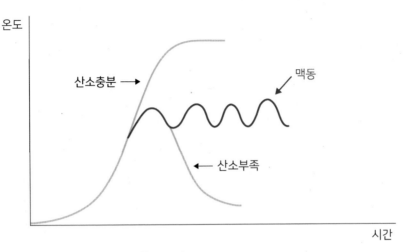

다. 화재가스가 배출되면 실내는 다시 부압과 산소부족 상태가 되어 화염은 잦아들고, 이러한 상황이 반복되는 맥동으로 이어진다(그림 3-8 참조).

3.4.2. 자동소화(Self-extinguishing)

산소부족 환경이 지속되면 불은 서서히 꺼지거나 훈소로 이어질 가능성이 높다. 이것은 실내 다른 연료표면의 열분해를 일으킬 만큼 화재실 온도가 충분히 상승하지 못하기 때문이다. 만약 연료표면의 온도까지 내려간다면 가스가 발화되거나 점화될 가능성은 더욱 낮아질 것이다.

온도가 낮아지면 화재실의 압력도 함께 떨어지면서 화재가스(또는 스모크가스)의 외부 배출량은 줄어들고 많은 양이 실내에 머물게 되지만, 온도의 하강으로 물질의 열분해도 빠르게 정지하기 때문에 화재가스는 점화될 수 있는 가연성가스 성분을 충분히 포함하고 있는 상황은 아니다. 이때 구획실의 문이 열리면 화재가스가 빠져나가지만, 온도가 높지 않아 발화할 정도는 아니며 진압이 용이한 상태라고 할 수 있다.

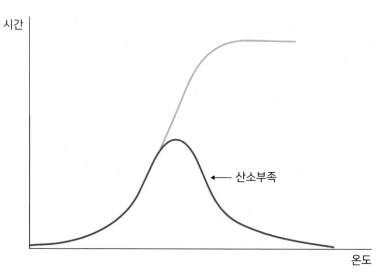

그림 3-9 자동소화를 보여주는 성장곡선

3.4.3. 화재성장 재개(Re-growth)

세 번째 시나리오는 꺼져가던 화재가 다시 성장을 이어가는 상황이다. 그 동안 진행된 화재의 영향으로 구획실 내에는 미연소 가스를 다량 함유한 **화재가스(Fire Gas)**가 가득 차 있다. 이것은 다시 공기를 제공받기만 하면 화재는 최성기로 성장할 가능성이 있다는 의미다. 이때 도착한 소방대가 문을 열거나 열기로 인해 창문이 깨질 경우, 연기와 가스는 개구부 상부에서 빠져나오고, 개구부 하부를 통해 공기가 유입되면서 중성대는 상승하게 되는데 이런 공기흐름은 꺼져가는 화재에 다시 불을 붙이고, 되살아난 화염이 열성층 가스에 도달하면서 화염전선이 방 전체에 퍼지게 한다. 이런 과정을 통해 소강상태였던 화재는 다시 성장을 이어가게 된다.

그림 3-10 화재성장의 재개를 나타내는 성장곡선

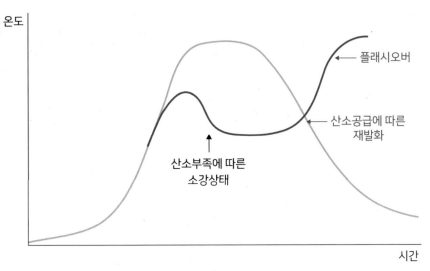

3.4.4. 화재가스 발화(FGI)와 연기폭발(Smoke Explosion)

드문 경우지만 환기제한 상태에서 문이 개방될 경우, 연기(Smoke)와 가스 (Gas)가 외부로 유출되면서 발화할 수 있다. 물론, 가스의 온도가 500℃에서 600℃ 사이로 높아야 한다. 산소는 부족하지만 발화점을 초과하는 온도를 가진 연기(Smoke)와 가스(Gas) 즉, **화재가스**(Fire Gas)[5]가 화재실에는 존재한다. 만약 대원진입으로 형성된 개구부를 통해 화재가스가 빠져나가면 공기와 섞여 가연 성혼합기가 만들어지고 이때 가스의 온도가 발화점보다 높으면 자동으로 발화 되어 구획실 외부에서 연소가 발생할 수 있다. 이것을 **화재가스 발화**(Fire Gas Ignition, 줄여서 FGI)라고 한다. 플래시오버와 백드래프트가 화재실 내에서 발생 하는 현상이라면, 화재가스 발화(FGI)는 화재실에서 발생한 가스와 연기가 인접 한 실이나 복도 등으로 이동하여 발화하거나 그곳에 축적된 상태에서 점화원에

---

5) Fire gas와 Smoke gas는 각각 연소가스와 연기가스로 번역할 수 있지만, 두 가지 모두 연기를 포 함한 연소가스로서 큰 차이는 없다. 다만, Fire gas에는 아직 연소되지 않은 미연소가스도 포함되 어 있으므로 혼란을 줄이기 위해 연소가스 대신 화재가스가 어울린다.

🏃 그림 3-11 인접실 화재가스발화

개구부

출처: Enclosure fires, Figure 114 참조.

의해 점화되는 현상이다.

미연소된 가연성가스가 인접한 구획실로 흘러들어 신선한 공기와 혼합되면, 시간이 지나 전체 용적을 차지하고 이상적인 혼합기에 접근하게 된다. 이 혼합가스가 불꽃 또는 화염으로 점화되면 압력상승이 매우 높아질 가능성이 크다. 발화 수준을 넘어 폭발의 위력을 가지게 될 때 **연기 폭발**(Smoke Explosion)이라 부른다. 백드래프트와 마찬가지로 매우 위험한 현상으로 2022년 1월 경기도 평택 물류창고에서 3명의 소방관이 순직한 것도, 바로 이러한 연기 폭발(Smoke Explosion)이 원인이었던 것으로 보도된 적이 있다. 당시 언론매체마다 연기폭발, 가연성가스 폭발, 화재가스 발화(FGI)[6] 등 사용한 용어는 조금씩 달랐지만 모두 유사한 현상이다. 중요한 것은 아직 연소되지 않은, 그래서 조건만 갖춰지면 언제든 다시 연소할 수 있는 가연성가스를 포함하고 있는 연기이자 가스라는 점이다. 이러한 현상은 사전 유지보수를 통해 연기와 가스가 축적되는 것을 방지하고 연소범위 이내로 축적되기 이전에 해당 지역을 조기에 환기시킴으로써 예방할 수 있다.

---

6) FGI(Fire Gas Ignition): 스모크가스 발화와 같은 의미로 사용하지만, 플래시오버나 백드래프트 외에 정의할 수 없는 다양한 현상을 통틀어 부를 때에도 많이 사용한다.

ﾁ 그림 3-12   인접실 배연 또는 양압조성을 통한 화재가스 유입 방지

출처: Enclosure fires, Figure 115 참조.

연기 폭발은 미리 혼합된 연기와 가스가 발화될 때 발생하는 일종의 예혼합 화염이다. 이것은 화재실에서 이동한 연기가스가 잘 축적될 수 있는 인접실이나 공간에서 가장 흔하게 발생하고 화재실에서는 거의 발생하지 않는다.

만약 미처 빠져나가지 못한 연기가스와 유입되는 공기가 실내에서 만나면 화염은 실내에서 발생하고 점차 커지는 모습을 볼 수 있다. 그러나 이것은 연기 폭발이 아니라 화재가스 발화에 해당하고 이때의 화염은 확산화염이다. 이 시나리오는 사실 산소부족으로 중단되었던 초기 화재성장 단계의 연속선으로 볼 수 있다.

ﾁ 그림 3-13   환기제한 상황 이후 백드래프트와 최성기

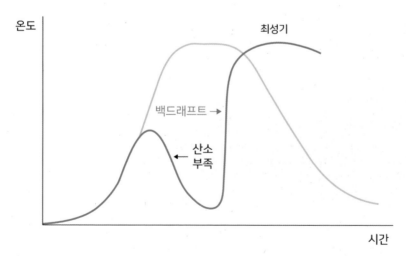

어떤 경우에는 화재가스가 매우 빠르게 발화되면서 백드래프트가 발생할 수도 있다. 보통 백드래프트는 최성기 이후에 발생하는 것으로 알고 있는데, 최성기까지 가지 않더라도 산소결핍으로 성장이 수그러드는 단계에서도 백드래프트는 발생할 수 있다. 발생 시기는 다르지만, 다량의 미연소 가스의 축적과 유입되는 신선한 공기라는 요인은 같다.

쇠퇴기에 발생하는 백드래프트는 실내에 남아있는 연기와 가스를 비우게 되어 작은 화염만 남거나 훈소로 진행하는 경우가 많지만, 최성기 전에 산소부족으로 조성된 일시적인 쇠퇴기에 발생하는 백드래프트는 화재가 다시 성장을 이어갈 수 있으니 조심해야 한다.

3.5. 백드래프트(Back Draft)

백드래프트(Back Draft)를 글자 그대로 해석하면 역으로 발생하는 드래프트 효과다. 그럼, 드래프트(Draft)는 어떤 현상을 말하는 것일까? 공기가 배출되는 곳이 있으면 유입되는 곳이 있기 마련이다. 담배 연기가 위로 올라가듯이 뜨거운 공기는 위로 올라가고 그 자리에 새로운 공기가 계속 공급되는 것처럼 공기나 연기의 이동을 바로 드래프트(Draft)라고 표현할 수 있다. 화재 시 발생되는 연기의 흐름을 차단하는 제연경계벽을 드래프트 커튼(Draft Curtain)이라고 부르는 이유도 바로 여기에 있다.

백드래프트(Back Draft)는 산소부족으로 불완전연소가 진행 중인 구획공간에 어떤 원인으로 신선한 공기가 유입되면서 발생하는 폭발적인 연소다. 유입 공기의 역방향으로 순간적인 폭발과 화염이 발생하기 때문에 소방대원에게는 치명적인 현상이다. 특히 개구부가 없거나 밀폐공간인 경우, 연소의 진행으로 산소 농도는 점점 감소하지만 연기는 계속 발생될 수 있으며 이때 온도는 이미 실내 가연물의 열분해 온도를 초과했을 가능성이 매우 높다. 따라서 열분해가 한동안 지속될 수 있다. 이때 개구부가 형성되면 구획실 내로 공기가 유입되고, 열분해로 생성된 가연성가스와 섞여 연소범위 내에 도달하면서 폭발적인 화염이 발생하고 개구부를 통해 분출하게 된다.

첫 폭발 후 한동안은 연소가 계속되고, 발생한 열에 의해 화재가 지속될 수 있다. 그러나 백드래프트는 플래시오버와 달리 비교적 짧은 시간에 종료되는데 보통 다음과 같은 단계를 거치게 된다.

① 미연소 가스의 축적(환기지배형 화재의 진행)
② 공기의 유입
③ 공기와 미연소 가스의 혼합으로 예혼합 영역 형성
④ 예혼합 영역에서의 발화
⑤ 난류화염과 폭연 발생
⑥ 화재실 밖으로의 화염분출

백드래프트가 발생하면 확산 연소와 예혼합 연소가 함께 발생한다. 실내로 유입된 공기는 중력류에 의해 열분해 생성물과 빠르게 혼합되고 이 혼합가스가 발화하면서 예혼합 연소가 일어난다. 혼합 과정은 공기흐름이 화재실로 인입되는 도중에 문이나 창문을 통과할 때 발생하는 난류에 의해 더욱 활발하게 이루어진다.

유입되는 공기의 흐름이 구획실 뒷벽까지 도달하면 예혼합 영역은 훨씬 더 커지고 이 상황에서 발화가 발생하면 공기흐름이 유입되는 개구부 인근에서 발생할 때보다 압력이 훨씬 더 크게 증가한다. 화재실은 연소와 팽창이 빠르게 일어나고 미처 점화되지 않은 연기와 미연소 가스가 화재실 밖으로 뿜어져 나와 발화하는 것처럼 확산화염이 만들어진다. 백드래프트는 화재가스의 빠르고 강력한 팽창을 수반하기 때문에, 개구부 바깥으로 **파이어볼**(Fire Ball)이 만들어지는데 그 발화과정이 너무 강력해 반응할 시간조차 없을 때가 많다.

🏃 그림 3-14 백드래프트

출처: 울산 북부소방서 제공.

백드래프트와 같은 폭발의 강도는 혼합가스의 양에 따라 다르다. 이상적으로 혼합된 연료와 공기는 확산연소 속도의 약 10배가 된다고 알려져 있다. 폭발적인 연소 중에 화재의 전파속도가 음속을 넘는 경우를 **폭굉**(Detonation), 음속 미만인 경우를 **폭연**(Deflagration)이라고 한다.

🏃 표 3-1 건축 구조별 파괴압력

구 분	압력(mbar)	압력(kPa)
유리창	20~70	2~7
출입문	20~30	2~3
목재 벽	20~50	2~5
두 겹 석고보드	30~50	3~5
블록 벽(두께 10 cm)	200~350	20~35

출처: Enclosure Fires p.79. Table 6

3.5.1. 백드래프트 징후(Warning Signs)

백드래프트는 사전에 징후를 발견하는 것이 중요하다. 작전을 시작하기 전은 물론, 수행 중에도 철저한 위험평가를 수행하는 것이 필요하다. 화재실 문을 개방하기 전에 먼저 파악해야 하는 백드래프트 징후는 다음과 같다.

- 환기가 제한된 구획실 또는 밀폐공간에서 발생한 화재다.
- 창문에 타르와 같은 기름기 있는 얼룩이 관찰된다. 이것은 열분해 생성물이 차가운 표면에 응축된 것으로 환기부족의 증거다.
- 큰 화염이 발견되지는 않지만 뜨거운 문과 창문으로 보아 환기부족 상황에서 불길이 한동안 타올랐다는 것을 감지할 수 있다.
- 균열된 틈이나 작은 구멍에서 맥동하는 연기가스가 목격된다. 이것은 환기가 잘 되지 않는 상황을 보여주고, 이때 휘파람 같은 소리가 들릴 수 있다.

다음은 화재실 문을 열고 실내를 관찰할 때 발견할 수 있는 백드래프트 징후들이다.

- 주황색으로 작열하거나 화염이 보이지 않는 화재. 이는 산소가 부족하여 장시간 연소되었음을 나타낸다.
- 개구부를 통해 다시 흡입되는 연기가스. 뜨거운 연기 가스가 실외로 배출될 때 다른 개구부를 통해 외부 공기가 유입되는데, 연기가스가 화재 쪽으로 빨려 들어가는 것처럼 보일 수 있다.
- 중성대가 바닥에 가까이 내려와 있다.

3.5.2. 중력류(Gravity Current)

화재실 내의 뜨거운 연기보다 외부 공기의 밀도가 높기 때문에 발생하는 공기의 흐름을 **중력류**(Gravity Current)라고 한다. 출입문이 개방되면 차가운 공기가 실내로 유입되고 뜨거운 연기가스가 빠져나가면서 중력류가 발생하는데 이때 연소범위에 해당하는 혼합물이 생성된다. 공기가 유입되는 속도는 아래와 같은 여러 가지 요인에 따라 달라진다.

- 실의 크기(공기가 유입되는 데 걸리는 시간을 결정한다.)
- 개구부 유형(개방 유형에 따라 혼합 프로세스가 다르다.)
- 밀도 차이(공기 흐름의 속도를 제어한다.)
- 천장 높이(천장높이에 따라 서로 다른 수준의 중력이 발생한다.)
- 난기류(난류는 출입구에 서 있는 대원에 의해서도 발생한다.)

그림은 백드래프트 직전의 기류이동을 컴퓨터 시뮬레이션으로 재현한 장면이다. 첫 번째 그림은 기류의 실내 유입이 시작될 때의 장면이고, 두 번째 그림은 기류가 뒷벽까지 도달했을 때의 장면이다. 파란색은 공기를, 빨간색은 연기와 가스를, 그리고 녹색과 노란색은 공기와 연기가 혼합되어 연소범위 내에 있음을 나타낸다. 혼합 과정은 기류가 실내로 흐를 때 발생하는 난류의 결과로 발생한다.

🏃 그림 3-15 중력류(Gravity Current)

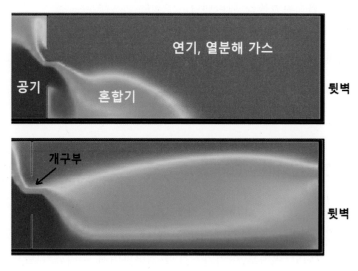

출처: Enclosure fires, p.129.

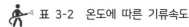 표 3-2 온도에 따른 기류속도

Smoke gas 온도(℃)	기류 속도(m/s)
150	1.1
300	1.6
500	2.2

출처: Enclosure Fires p.129. Table 7

　유입기류는 혼합영역을 확대하면서 실내로 이동하고, 뒷벽에 닿게 될 때 혼합된 영역은 훨씬 더 커진다. 조금 더 시간이 지나고 기류가 뒷벽에 반사되어 다시 앞으로 나올 때 연기가스의 예혼합 영역은 최대가 되는데 화재실에 진입할 때 이 점을 주의하여야 한다. 시간이 지나면서 예혼합 영역은 더욱 커지고 그만큼 폭발의 위력도 커지기 때문에 진입활동의 시간지연은 매우 위험할 수 있다는 뜻이다.

　보통 연기는 수평으로 1~2m/s 정도의 속도로 이동하지만 온도가 높을수록 기류속도는 더 빨라진다(표 3-2 참조). 대원이 문을 열고 낮은 자세로 기어들어 간 뒤 문을 닫는다고 하더라도, 이때 실내로 유입된 기류만으로도 실내에 가연성 혼합물을 만들기에 충분한 경우가 대부분이다. 화재실의 문을 열 때 무슨 일이 일어나는지 예측하고 대비하는 것은 매우 중요하다.

3.6. 구획화재를 지배하는 연료와 환기

　구획화재의 성장속도는 구획실 내의 공기량 및 연료의 특성과 깊은 관계를 가진다. 이 두 가지 요소가 균형을 유지하지 않고 어느 요소가 지배적인 우위를 차지하느냐에 따라 연소의 성상은 크게 달라지기 때문이다.

　연소 시 열분해에 의한 가연성가스가 발생한다. 이때 산소 공급이 충분하다면 연소는 연료인 가연성가스의 발생속도에 지배를 받기 때문에 **연료지배형 화재**(Fuel Controlled)라고 정의할 수 있다. 목조 건물이나 공기공급이 충분한 개방공간의 화재는 대부분 연료지배형 화재라고 할 수 있다. 반대로 공기(산소)의 공급이 제한을 받을 때의 연소반응은 환기량에 지배를 받으므로 **환기지배형 화재**(Ventilation Controlled)라고 정의할 수 있다. 지하나 무창층 등의 환기가 부족한 내화구조 건물에 발생하는 구획화재는 공기공급이 제한되므로 거의 대부분 환기지배형 화재로 전개된다고 보아야 한다.

3.6.1. 연료지배형 화재(Fuel Controlled)

발생초기의 구획화재는 아직 실내 환경의 영향을 크게 받지 않고 공기 또한 대량으로 필요한 것은 아니므로 화재의 성장이 방해받는 일은 거의 없다. 그리고 구획실 내에 공기량은 충분하므로 화재의 성장은 공기보다는 연료의 특성

그림 3-16 연료지배형에서 환기지배형 화재로의 전환

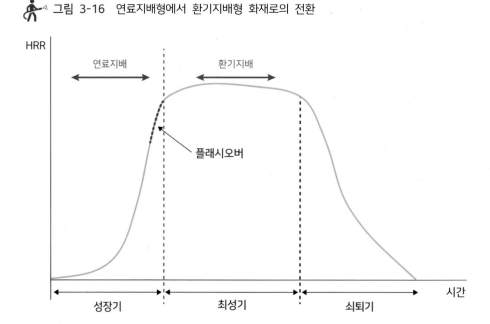

과 양 그리고 위치 등에 더 큰 영향을 받고 있는 상태다. 이것을 **연료지배형 화재**(Fuel Controlled)라고 부르며 열성층은 비교적 높게 위치하게 된다. 대부분 플래시오버 직전까지는 이러한 상태가 유지되므로 연료지배형 화재는 플래시오버 이전(Pre Flash Over) 단계에서 볼 수 있는 특성이라고 할 수 있다. 반면 플래시오버를 지나면(Post Flash Over) 화재는 연료지배형에서 환기지배형으로 전환된다.

3.6.2. 환기지배형 화재(Ventilation Controlled)

구획화재는 실내의 산소를 소비하며 진행되기 때문에 화재가 확대됨에 따라 산소는 부족해지고 발연량은 많아져 열성층은 하강하기 시작한다. 개구부가 형성되지 않았거나, 있더라도 크기가 아주 작은 경우 연소에 필요한 충분한 공기를 인입할 수 없는 단계에 이르게 된다. 이때의 연소는 좁은 개구부를 통해 화재실로 유입되는 공기량에 의존하기 때문에 **환기지배형 화재**(Ventilation Controlled)라고 불린다.

개구부가 있는 경우, 가열된 기체의 부피가 증가함에 따라 중성대가 하강하고 구획실 내에서 공기가 흐르는 영역을 차단하기 시작한다. 구획실의 온도상승과 함께 중성대가 내려감으로써 개구부의 흡배기 면적비가 변화하고 유입 부분의 면적이 좁아지므로 유입속도를 증가시켜 구획실의 부피를 보충하려고 한

그림 3-17 좌측은 환기지배형 화재, 우측은 연료지배형 화재

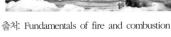

출처: Fundamentals of fire and combustion

다. 그 결과 중성대 부근에서 난기류가 발생되어 가연성가스와 공기가 섞이면서 예혼합기(Premixed)가 형성되는데 이때 중성대는 파도가 흔들리는 것처럼 보일 수 있다.

중성대가 흔들리게 되면 그 후에는 플래시오버로 이행할 가능성이 높아진다. 중성대에 의해 공기가 거의 차단되어 있거나 개구부가 닫혀 있을 때는 공기의 유입이 제한되어 산소를 충분히 소비할 수 없는 상황이므로 구획실 내에는 불완전연소 가스가 대량으로 축적되어 있는 경우가 많다. 이때 개구부를 파괴하거나 부주의하게 개구부를 개방하면 공기가 유입되어 연소가 급격히 일어나며 **백 드래프트** 혹은 **연기폭발**(Smoke Explosion)이 발생할 수 있다.

3.7. 현대 건축물의 구획화재

3.7.1 내화구조

최근 건축은 고층화·대형화하고 있다. 특히 단열성능과 내화성능이 우수한 건축자재가 개발·보급되고 있다. 그러나 이러한 환경은 에너지효율 면에서는 환영할 일이지만, 건물 내에서 화재가 발생할 경우 화재의 성상에 또 다른 문제를 일으킨다.

단열이 좋다는 것은 그만큼 열 손실의 기회가 줄어들어 열 축적이 용이하다는 것을 뜻하고, 기밀이 좋고 내화성능이 좋다는 것은 구획 내에서 발생한 화재는 더 빨리 뜨거워지고 고온이 더 오래 유지된다는 것을 의미한다. 이는 가연물의 열분해에 의한 다량의 가연성가스 발생을 초래하고, 많은 양의 유독한 가연성가스를 빠르게 축적하게 되어 구획실은 고온 및 연료과다 상태가 된다. 이때 소화활동을 통해 개구부가 형성되면 외부에서 공기가 유입되어 백드래프트나 플래시오버가 발생할 위험은 높아진다. 또한, 기밀성능과 단열성능이 높은 구획이라면 화세가 가라앉은 것처럼 보여도 실내는 고온이 유지되고 열분해에 의한 가연성가스가 계속 발생하고 있으므로 조건만 갖추어지면 백드래프트는 언제든 발생할 수 있다.

콘크리트 구조는 열을 많이 흡수할 수 있는 축열 성능이 높은 것으로 알려져 있다. 화재초기 단계에서는 구조체가 열을 흡수하여 구획 내 공간의 온도는 완만하게 상승하지만, 구조체 부분이 더 이상 열을 흡수하지 못하는 흡열의 한계를 맞이하게 되면 열을 비축한 구조체 부분이 열원이 되어 복사열을 방출하게 된다.

화재성장 과정에서 중성대 상부에는 많은 연기와 가연성가스가 체류하고 있는데, 이때 천장이나 벽체에 충분한 열이 축적되어 있으면 골조 부분에서도 복사열이 방사된다. 더욱이 온도가 상승함에 따라 상층에 체류하는 가연성가스는 연소범위가 넓어지므로 쉽게 발화에 이르게 되고 급격한 연소현상인 화재가스 발화(FGI)나 플래시오버 발생으로 이어질 수 있다.

3.7.2 합성고분자물질의 유행

오늘날의 화재환경은 1950년대보다 훨씬 더 적대적이고 예측하기 어려운 특성을 가지고 있다. 가장 큰 이유는 플라스틱의 끝없는 성장 때문이다. 석유화학물질(탄화수소계)에서 유래된 플라스틱은 강렬하게 연소하며 검고 매콤한 유독가스를 대량으로 발생시킨다. 플라스틱은 가구, 장식품, 의류, 장난감부터 주요 가전제품에 이르기까지 우리 생활의 일부가 되어버렸다. 이 플라스틱 제품은 연소하는 중에 연료가 되는 풍부한 가연성가스를 발생시킨다. 그 결과 화재하중이 많아져 플래시오버가 발생할 가능성은 더 높아졌다.

폴리우레탄, 라텍스, PVC(폴리염화비닐) 등은 건축에 없어서는 안 될 주요 재료가 되었다. 공장과 창고 등에서는 단열성, 경제성 및 시공방법의 용이성 등으로 인해 우레탄, 스티로폼 등 가연성 발포합성수지를 이용한 단열재가 널리 사용되고 있다. 단열재는 화재가 발생했을 경우 연소확대 및 폭연까지의 시간

표 3-3   플래시오버 발생 시간 비교

실험 회차	천연가구 거실	합성물질 거실
1	29:30	3:40
2	30분 이상	4:45
3	30분 이상	3:20
4	30분 이상	4:50

이 단시간이기 때문에 물적, 경제적으로 막대한 피해를 줄 뿐만 아니라 피난이나 소방대원의 소화활동에 큰 위험을 수반한다. 또한 플라스틱은 **열가소성**(Thermoplastics)과 **열경화성**(Thermoset)으로 구분하는데, 열가소성 플라스틱은 연소할 때 용융상태의 불꽃이 뚝뚝 떨어지며 아직 불이 붙지 않은 다른 가연물로 연소를 쉽게 확대시킬 수도 있다.

그림 3-18   구획실 연소실험 비교 영상

출처: https://www.youtube.com/watch?v=87hAnxuh1g8

2020년, UL의 FSRI[7]는 목재와 면화 등의 천연재질로 이루어진 거실과 석유화학 합성제품 가구로 채워진 거실의 화재비교시험 영상을 공개하였다. 플래시오버 발생까지 걸리는 시간을 측정한 4차례의 실험에서 천연가구의 거실은 한 차례를 제외하고 모두 30분 이상이 소요되었지만 합성물질 가구를 배치한 거실은 3분 20초에서 4분 50초 사이에 플래시오버가 발생하였다. 이는 소방조직의 화재출동 골든타임을 무색하게 하는 결과로서 지금의 소방환경은 과거와 달리 대원의 옥내진입은 더욱 위험해졌으며 직접공격 전술의 효용성 또한 크지 않음을 짐작할 수 있다.

---

7) UL(Underwriters Laboratories)은 안전관련 규격을 개발하고 인증하는 기관으로 Fire Safety Research Institute(화재안전연구소)를 두고 있다.

※ 일반건물 실화재훈련장

🏃 그림 3-19   목재연료를 이용하는 경기도소방학교의 일반건물화재훈련장

🏃 그림 3-20   LPG를 이용하는 강원도소방학교의 주택화재훈련장

04

화재상황 판단
(Scene Size-Up)

知彼知己가 百戰百勝이란 말이 있다. 전쟁터나 경기에서 상대의 병력이나 전력의 크기, 즉 사이즈(Size)를 먼저 파악하여야 적절한 전술을 계획하고 싸움을 승리로 이끌 수 있다. 화재의 규모와 특성을 먼저 평가하고 확인하는 것(Size Up)이 화재진압 전술의 기본이 되는 이유가 여기에 있다.

화재상황 판단(Scene Size-Up)

4.1. 상황 판단(Size-Up)

　화재진압과 인명검색이 동시에 필요한 화재사고는 초기대응부터 화재상황을 평가해 무엇을 우선적으로 대응할 것인지를 판단해야 한다. 판단이 늦어지거나 잘못된 판단을 내릴 경우, 화재를 제때에 제압하지 못하고 더 큰 피해를 가져올 수 있다. 특히 화재규모에 비해 소방력이 열세라면 화재상황 평가와 판단은 아주 중요하다.

　신속한 상황평가와 정확한 판단을 위해 BE-SAHF라는 방법을 알아둘 필요가 있다. 구획화재 성상체험훈련인 CFBT(Compartment Fire Behavior Training)에서 화재읽기(Reading Fire)에 필요한 지표로 호주 소방관 Shan Raffel이 개발한 방법이다. 처음에는 Smoke, Air, Heat, Flame 네 가지 지표의 첫 글자를 따서 SAHF로 시작하였다. 그러나 이 지표들은 언제나 동일한 결과를 나타내는 것이 아니라 건물(Building)과 환경(Environment) 특성에 따라 조금씩 달라진다는 것을 반영해 지금의 BE-SAHF로 수정되었다.

BE-SAHF는 화재상황을 확인하고 판단할 때 유용한 2가지 특성과 4가지 지표를 말한다. 이를 이용하면 연소의 4요소인 가연물, 산소, 점화원, 그리고 연쇄반응이 어떤 환경에서 발생하고 진행하는지를 확인함으로써 진행 중인 상황에 대한 판단과 앞으로의 예측도 가능하다. BE-SAHF에 대해 좀 더 살펴보자.

특성	지표
B - Building Factors (건물 특성) E - Environment Factors (환경 특성)	S - Smoke Indicators(연기 지표) A - Air Indicators(공기 지표) H - Heat Indicators(열 지표) F - Flame Indicators(화염 지표)

4.2.1. Building(건물 특성)

건물의 특성을 이해하는 것은 효과적인 전술은 물론 안전한 활동에 있어서 매우 중요하다. 특히 고층화, 대형화되고 있는 최근의 건축 환경은 이에 대한 필요성을 더욱 강조하고 있다.

건물화재 현장이라면 가장 먼저, 연기 등의 가연성가스가 축적되기 쉬운 공간구조인지, 건물이 플래시오버나 백드래프트 등의 현상을 일으키기 쉬운 건물인지 평가하고 진압활동의 장애요인을 확인하여야 한다. 대규모 공간보다 좁은 구획공간이 플래시오버 발생 확률이 더욱 높다. 공간이 큰 건물은 가연성가스가 그 공간을 채우기 위해 더 많은 시간이 필요하기 때문이다. 층고가 높은 경우도 마찬가지다. 층고가 높으면 연기는 상승 중에 쉽게 냉각되어 상부의 열성층 형성이 늦어지고, 체적이 크면 공기도 충분히 많아서 환기지배형 화재로 전환하는 데는 더 많은 시간이 소요되기 때문이다. 또한, 다락이나 덕트 공간 등 연기가 축적되어 이동할 수 있는 구조의 경우 연기는 은폐된 공간에 존재하기 쉽고, 화

그림 4-1   다양한 화재양상을 보여주는 건물화재

출처: 울산 남부소방서 제공.

점과 떨어진 위치에서 다양한 화재 현상이 발생할 가능성도 크다.

　　방화구획 여부의 확인도 필요하다. 방화구획이 되지 않았거나 미흡한 경우 화재는 빠르게 확산된다. 특히 엘리베이터 샤프트나 파이프 덕트 등의 수직통로를 통한 연소확대는 현장에서 자주 목격되는 사례들이다. 방화구획이 잘 갖추어져 있다면 연소확대는 지연시킬 수 있지만 호스전개 곤란에 따른 작전수행에 장애가 될 수 있고, 출입문 개폐에 따른 방화구획의 제 기능 상실로 이어질 수 도 있다.

큰 **개구부**를 가진 건물은 자연스러운 공기의 흐름을 충분히 이용할 수 있지만, 연소를 조기에 제압하지 못할 경우 플래시오버가 발생하기 쉽다. 철근콘크리트 건물 등 기밀성이 높은 내화구조 공간은 작은 개구부나 복층유리 등으로 인해 공기가 제한되기 쉽고 에너지 효율이 높은 반면에 백드래프트 발생은 쉬워진다.

또한 개구부는 연소확대의 주범이다. 창을 통한 분출화염은 코안다 효과(4.2.6. Flame 참조)에 의해 상층부로 쉽게 빨려 들어가면서 연소를 확산시킨다. 스팬드럴과 캔틸레버가 설치되어 있지 않다면 상층 연소확대에 대비해야 한다.

4.2.2. Environment(환경 특성)

구획화재에서 연기와 공기의 출입을 평가하는 데 있어서 가장 중요한 환경적 특성은 바람이다. 바람에 의해 건물에 가해지는 압력은 건물 주위에 정압과 부압을 발생시킨다. 바람을 정면으로 맞는 풍상 측의 벽면은 정압(+)이 되고 나머지 3면과 지붕은 부압(−)에 의한 흡입(Suction) 효과가 발생한다. 건물이 낮고 폭이 넓은 경우 지붕 위로 다량의 공기유동이 발생하지만, 폭이 좁은 고층건물은 지붕보다 측면의 공기유동이 많아지고 바람도 강하게 일어난다.

베르누이 방정식의 동압(속도수두)에 해당하는 풍압(Pw)은 다음과 같이 나타낼 수 있다.

$$\text{(베르누이 방정식)} \quad p + \frac{1}{2}\rho V^2 + \rho gh = \text{일정}$$
$$\text{(정압)} \ \text{(동압)} \ \text{(위치압)}$$

$$\text{풍압}(Pw) = \frac{1}{2}Cw\rho_0 V^2$$

여기서, Cw: 풍압계수, ρ_0: 공기밀도, V: 풍속

풍압계수는 건물의 크기와 모양에 따라 −1부터 1 사이에서 결정된다. −1

은 100% 부압이 발생할 때, 1은 100% 과압이 발생하는 것을 나타낸다. 위 식은 공기밀도 1.2kg/㎥를 적용하면 아래와 같이 수정할 수 있다.

$$풍압(Pw) = 0.6\,Cw\,V^2$$

위 식에 의하면 풍압(Pw)은 풍속(V)의 제곱에 비례한다. 만약, 풍속이 1m/s에서 10m/s로 10배 증가한다면 풍압은 0.6Pa에서 $60\,Pa$로 100배 증가하게 된다. 작은 바람이라도 건물의 서로 다른 면에 차압을 조성하여 연기나 화염의 흐름에 큰 영향을 미칠 수 있음을 보여준다. 양압이 작용하는 면의 개구부는 건물로 유입되는 공기의 흐름이 발생하고, 반대로 부압이 작용하는 면의 개구부는 연기의 분출이 증가할 것이다. 기계력을 동원하는 양압 벤틸레이션(PPV)도 맞바람 상태에서는 효과를 기대할 수 없는 이유다. 그리고 진입은 양압이 작용하는 풍상에서, 배연은 부압이 걸리는 풍하측을 선정하는 이유도 여기에 있다.

편평한 지붕이나 경사도 30° 이내의 경사지붕은 지붕 전체에 부압이 작용하므로 수직배연을 위한 개구부 위치선정이 자유롭다. 그러나 30°를 넘는 경사지붕은 풍상과 풍하측의 압력분포가 다르다(그림 4-3. 참조). 그림에서 과압이

🏃 그림 4-2 바람이 외벽에 미치는 영향

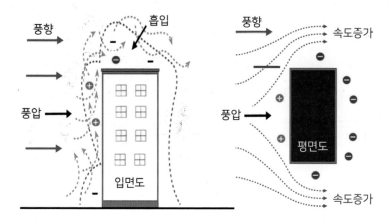

걸리는 풍상측에 개구부를 만들면 연기배출이 쉽지 않을 뿐만 아니라 바람에 의한 공기유입이 우려된다. 이때는 부압이 걸리는 풍하측에 개구부를 만드는 것이 유리하다. 화재가 이미 최성기에 이르렀다면 화염이 분출할 수 있으니 이때는 주의가 필요하다(그림 4-4 참조).

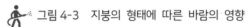 그림 4-3 지붕의 형태에 따른 바람의 영향

지붕경사 30° 이하   지붕경사 30° 이상

 그림 4-4 풍하측 지붕에서 분출하는 화염(左)과 강풍에 의한 연소 확대(右)

출처: www.theday.com/policefirecourts/20220330/firefighters−battle−blaze−in−new−london(左)/울산남부소방서 제공(右).

4.2.3. Smoke(연기 지표)

화재초기의 화염은 어디에 불이 나고 있는지를 알려주지만 화재규모가 얼마나 큰지 그리고 어디로 확산되고 있는지를 정확히 파악하려면 연기를 읽을 줄 알아야 한다. 연소확대 경로는 대부분 연기이동 경로와 동일하기 때문이다. 화재읽기(Reading Fire)에서 가장 중요하면서 판단하기 어려운 것이 바로 연기다. 연기를 바르게 읽어내기 위해서는 다음의 4가지 특성을 주의 깊게 살펴야 한다.

- 연기 발생량(Volume)
- 연기의 색상(Color)
- 분출 속도(Velocity)
- 연기의 두께(Thickness)

4.2.3.1. 연기 발생량(Volume)

연기 발생량은 얼마나 많은 양의 연료가 연소되고 있는지, 화점이 얼마나 가까이 있는지를 추측할 수 있게 한다. 연기는 장거리를 이동할 수 있으므로 연기가 많은 곳에 반드시 화점이 존재하는 것은 아니다. 화재가 진행될수록 연기는 실내의 전역으로 퍼지기 때문에 시간이 지날수록 알아보기 어려운 경우가 많다.

 그림 4-5 플래시오버 발생 직전의 연기분출

출처: Live fire training principles and practice(左)/울산중부소방서 제공(右).

연기를 평가할 때 발생 공간도 중요하다. 작은 건물을 가득 채우는 데는 그렇게 많은 연기가 필요 없지만, 큰 건물을 가득 채우려면 많은 연기가 필요하다. 따라서 연기의 양을 평가할 때 건물과 화재실의 크기도 고려해야 한다. 연기 발생량은 화재상황을 좀 더 쉽게 파악할 수 있게 한다. 특히 화재성상을 이해하면 성장단계를 추정해낼 수 있다. [그림 4-5]처럼 창으로 요동하며 분출하는 연기는 플래시오버가 임박했음을 나타낸다.

4.2.3.2. 연기의 색상(Color)

연기의 색상은 연소 중인 물질이 무엇인지 짐작할 수 있게 해준다. 물론 대부분의 화재는 여러 물질이 복합되어 발생하기 때문에 색상만으로는 원하는 답을 얻을 수는 없다. 그럼에도 불구하고 연기 색상은 화재의 성장이 어느 단계에 있는지를 판단할 수 있는 단서를 제공한다.

보통 **백색**의 연기는 화재초기 단계임을 나타낸다. 고체 가연물이 가열되고 열분해되면서 백색연기가 발생하는데 이때는 아직 연소가 일어나지 않은 경우가 많다. 흰색을 띠는 이유는 가연물에서 방출되는 수분에 기인하는데 이것은 화재에 주수할 때 발생하는 흰 연기와 유사하다.

그러나 가연물의 수분이 증발하고 건조해지면서 연기의 색상은 변한다. 예를 들면, 목재의 경우 **갈색**으로, 플라스틱이나 도장된 부분은 **회색**으로 변하는데 이것은 탄화수소의 검은색과 증발하는 수분의 흰색이 혼합되어 나타나는 색상이다. 회색의 연기는 연소효율에 따라 좀 더 다르게 변화할 수 있다. 공기가 충분히 있어서 연소효율이 높은 경우에는 그을음 발생이 적고 연기는 좀 더 밝은 회백색이 되지만, 공기가 부족하거나 화재가 성장함에 따라 공기가 보충되지 않으면 불완전 연소가 일어나기 때문에 그을음 발생이 증가하고 연기의 색깔도 점차 흑회색으로 짙어지다 결국에는 **검은색**이 된다. 탄소 함유율이 높고 복잡한 고분자 구조를 갖고 있는 석유화학제품은 완전연소가 잘되지 않아 대부분 불완전연소의 검은 연기를 대량으로 방출하게 된다.

연기의 색은 화재의 위치를 결정하는 데에도 도움을 준다. 고온의 연기가 이동할 때 그 열로 인해 주변의 가연물은 수분을 증발하게 하고, 이렇게 증발된 습기가 연기에 추가되면서 연기는 밝은색으로 변하는 경향을 보인다. 게다가 탄소가 풍부한 검은 연기는 이동하면서 그 속에 포함된 탄소가 가라앉거나 희석되기 때문에 화재현장에서 멀어질수록 색상은 밝아진다.

　이렇게 먼 거리를 이동한 고온의 백색 연기는 앞서 살펴본 화재초기 가열에 의한 백색 연기와는 구별되어야 한다. 화재 초기의 백색 연기는 연소 이전의 열분해 가스와 수분의 혼합물로서 온도가 높지 않고 이동 속도 또한 빠르지 않다. 그러나 화원에서 멀리 이동하면서 탄소의 소실로 밝아진 백색 연기는 여전히 높은 온도와 압력을 보유하고 있다.

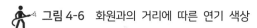 그림 4-6 화원과의 거리에 따른 연기 색상

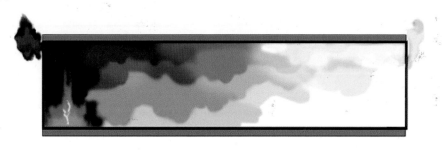

4.2.3.3. 연기 분출 속도(Velocity)

　건물을 빠져나가는 연기의 속도는 건물에 축적되는 압력의 크기와 관계가 있다. 다시 말해, 연기는 열과 부피의 변화로 이동하는데 열에 의한 온도상승은 부력으로 작용해 연기를 수직 상승시키고, 천장 아래 축적되면서 체적이 증가해 수평으로 이동해간다.

　연기를 포함한 유체의 흐름은 그 속도와 양상에 따라 층류(Laminar Flow)와 난류(Turbulent Flow)로 구분한다. 층류의 연기는 느린 속도의 부드러운 유선형 흐름이다. 이것은 건물 내부의 열 흡수 능력이 아직 살아 있으며 내부 압력이 높지 않다는 것을 나타낸다. 주로 화재초기에 관찰된다. 반면, 난류 연기는 심하게 요동치며 분출하는 흐름으로서 가스의 빠른 팽창과 건물 내 마찰 등에 의해 발생하며 구조체의 열 흡수 능력이 한계에 도달해 더 이상의 열을 흡수할 수 없을 때 발생한다. 흡열한계에 도달한 건물 구조체는 다시 복사열을 방사하고 난류의 연기는 엄청난 양의 에너지를 갖게 된다. 이 고에너지의 연기가 인화점 이상의 온도에 도달하면 플래시오버나 화재가스 발화(FGI)가 일어날 수 있으므로 주의해야 한다.

그림 4-7 층류연기(左)와 난류연기(右)

또한, 개구부 한 곳의 연기 관찰로 섣부른 판단을 내리지 말고 가능한 모든 개구부를 확인하는 것이 좋다. 비슷한 크기의 개구부에서 나오는 연기의 흐름과 속도를 비교함으로써 화원이 어디에 있는지 짐작할 수도 있다. 물론, 이때는 연기의 속도가 더 빠른 개구부가 화재 지점과 더 가까울 것이다.

4.2.3.4. 연기의 두께(Thickness)

구획화재에서 연기의 두께는 연소과정의 효율성을 나타내는 좋은 지표가 된다. 적절한 양의 공기공급은 옅은 연기를 만들지만, 공급량이 부족하면 연기는 짙어지며 두께는 증가한다. 초기 연료지배형 화재는 상대적으로 공기공급이 원활하기 때문에 연기생성이 느리지만 환기지배형 화재로 진행되면 불완전한 연소가 늘어 연기발생량이 증가하고 환기제한 상황의 화재는 짙은 연기를 대량으로 발생시킨다.

연기의 두께는 화재지속 시간과 깊은 관련이 있다. 환기가 제한된 조건에서 화재가 오랜 시간 지속되고 있다면 비교적 작은 불에서도 많은 양의 연기가 짙게 축적되어 두꺼워질 수 있다. 또한 연기의 두께는 연기의 밀도를 나타내며 연기 밀도는 연기에 얼마나 많은 연료가 포함되어 있는지를 짐작하게 한다. 연기 밀도가 높을수록 더 많은 연료를 포함하고 있다고 볼 수 있다. 짙은 연기는 충분한 연료가 공급되어 있는 상태이므로 난류흐름이 아니어도 조건만 맞으면 플래시오버가 발생할 수 있다.

4.2.4. Air(공기 지표)

공기는 화재성장과 중성대에 영향을 미치는 아주 중요한 지표가 된다. 실내의 압력차이나 급기와 배기에 의해서 만들어지는 공기의 이동경로를 **플로우 패스**(Flow Path)라고 한다. 플로우 패스는 화재의 방향을 가늠하는 데 아주 중요하며, 화재진압 전술에 꼭 필요한 요소다. 플로우 패스를 제어함으로써 화재확산을 막을 수 있지만 잘못된 제어 방식은 오히려 화재확산을 조장하고 실내에 활동 중인 대원의 생명을 위협할 수도 있다. 따라서 급기구 또는 배기구 설정으로 공기의 흐름을 제어하는 경우, 활동하는 대원 모두가 해당 전술을 이해하고 있어야 한다.

 그림 4-8 플로우 패스

플로우 패스는 이동방향의 수에 따라 일방향, 양방향, 다방향의 플로우 패스가 있다. **일방향**(Uni-Directional)은 하나의 방향으로 유입구와 배출구가 동일 선상에 놓이게 되지만, 그 위치는 서로 반대편에 위치한다. 반면, **양방향**(Bi-Directional)은 유입과 배출이 동일한 개구부에서 이루어지지만 흐름은 서로 반대 방향으로 이동한다. 보통 일방향과 양방향이 일반적인 전술이며, 다방향 제어방식은 권장하지 않는다. 그것은 공기의 유로가 증가함으로써 공기의 유입도 증가하고, 유로가 복잡해져 콘트롤이 불가능해질 우려가 있기 때문이다. 결과적으로 화재를 확대시키는 것이기 때문에 가능한 한 일방향 또는 양방향의 흐름으로 제어하여야 한다.

공기의 흐름과 관련하여 주의해야 할 또 하나의 요소는 바로 **중성대의 높이**다. 중성대는 건물 전체 또는 화재실에서 정압영역과 부압영역을 분리하는 경계가 된다. 또한 양방향 플로우 패스에서 유입과 배출 흐름의 경계가 되는 높이로서, 그 높이를 통해 화재의 진행 상태를 읽어낼 수 있다. 화재가 진행될수록 중성대는 점점 내려오므로, 중성대 위치가 높으면 화재는 초기 단계라고 추측할 수 있다. 반대로 위치가 낮다면, 화재는 중기 이후가 될 것이다. 중성대가 아래로 내려올수록 고온층의 두께가 증가하고 있다는 뜻이고 플래시오버나 백드래프트의 발생 가능성은 증가한다. 이때는 적절한 벤틸레이션을 실시하여 중성대의 위치를 높여야 한다. 건물진입 전에 펄스를 이용해 고온층의 열기를 냉각시키는 것도 중성대를 높여 플래시오버 등의 발생을 방지하기 위함이다.

🏃 그림 4-9 중성대의 하강

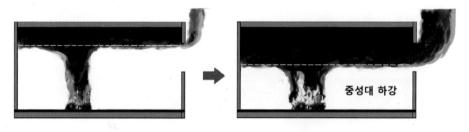

4.2.5. Heat(열 지표)

열은 온도가 높은 쪽에서 낮은 쪽으로 이동하는 에너지라고 할 수 있다. 문제는 열의 이동을 육안으로 확인하기 쉽지 않다는 점이다. 손이나 피부로 열을 체감할 수는 있지만 화재현장에서 신체를 통해 열을 확인한다는 것은 어렵기도 하지만 권장하지도 않는다. 그러나 열은 온도가 높은 쪽에서 낮은 쪽으로 이동한다는 법칙을 이해한다면 열의 이동을 읽어낼 수는 있다. 또한 열화상카메라 장비를 이용하는 방법도 있다.

4.2.5.1. 육안으로 확인하는 방법

- 출입문 두께가 얇을수록 페인트 도장 부분에 발포가 나타난다.
- 페인트 도장부분의 변색여부를 통해 열성층 높이를 확인한다.
- 출입문에 방수하여 물의 증발 여부를 통해 중성대를 확인한다.
- 두꺼운 단열 구조의 출입문에서는 열의 영향이 작을 수 있다.
- 유리창이 검게 변색된 경우 연료가 풍부하다는 것을 나타낸다.
- 창문의 균열은 고온 또는 급격한 온도 변화를 나타낸다.
- 단열 성능을 높인 2중창이나 3중창은 확인이 어려울 수 있다.

4.2.5.2. 열화상카메라로 확인하는 방법

열을 감지하는 가장 좋은 방법은 열화상카메라를 사용히여 창문과 출입문 주변의 **열 브리징**(Thermal Bridging)[1]을 평가하는 것이다. 육안으로 보이지 않는 경우에도 서로 다른 표면의 온도를 확인해 낼 수 있다. 특히 구획실 진입 전에 문틈의 열기를 읽어낼 수 있으며 문과 손잡이의 온도 차이를 확인할 수 있다. **열화상카메라**(TIC: Thermal Imaging Camera)는 다양한 색상 팔레트를 제공하므로 이미지의 세부 정보와 열 브리징의 온도 차이를 더 쉽게 식별할 수 있다.

---

1) Thermal bridge(열교): 건물의 난방 등에 있어서 온도차이가 있는 인접부위와 비교해서 열의 흐름이 달라지는 작은 부분을 말한다.

그림 4-10 가시광선과 파장

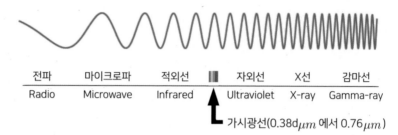

전파	마이크로파	적외선		자외선	X선	감마선
Radio	Microwave	Infrared		Ultraviolet	X-ray	Gamma-ray

가시광선(0.38dμm 에서 0.76μm)

　　우리가 육안으로 확인 가능한 가시광선은 0.38μm에서 0.76μm 사이의 파장
이다. 0.38μm 미만의 영역이 적외선이고 0.76μm를 넘어서는 부분이 자외선 영
역이다. 자외선은 파장이 짧고 에너지가 강해 인체에 해로운 전자파로 알려져
있다. 육안으로는 확인할 수 없지만 절대온도 0도 이상의 모든 물질에서 방사되
고 있는 적외선을 열화상카메라가 감지해낼 수 있다. 적외선은 저온일 때는 약
하고 고온일 때는 강하게 발생한다. 이 강약을 카메라로 포착해 보여주는 것이
열화상카메라다.

　　열화상카메라는 물체의 표면온도를 육안으로 볼 수 있도록 나타내는 것이
지 대기의 온도를 판독하는 장비는 아니다. 하지만 대류하는 열기류의 온도를
판독할 수 있는 것은 그 공기 속에는 입자가 존재하기 때문이다. 열화상카메라
를 이용하면 육안으로는 확인할 수 없는 화재실 내부의 정보를 읽어낼 수 있다.
화재실 온도가 500°C 정도에 이르면 열분해가 활성화되어 가연성가스 축적이
증가하고 플래시오버 발생이 용이한 상황이 되는데 열화상카메라를 이용하면
쉽게 감지해 낼 수 있는 것이다.

　　열화상카메라 장비가 없더라도 문을 열 때는 먼저 열을 확인하는 것이 좋
다. 처음부터 손등으로 확인하기보다는 먼저 문의 표면에 가볍게 주수하여 물의
증발 상황을 확인하는 것이 우선이다.

그림 4-11 열화상카메라 영상(좌측은 플래시오버 셀, 우측은 거실 화재)

4.2.6. Flame(화염 지표)

개구부를 통한 분출화염을 직접 확인하거나 문을 개방하고 실내 화염의 크기와 위치, 색상 등을 통해 화염지표를 확인한다. 연소는 빛과 열을 발생하는 산화반응이다. 발열반응으로 온도가 상승하고 여기서 열복사선이 방출되는데, 온도가 계속 상승하면 열복사선의 파장이 점차 짧아지면서 육안으로 확인할 수 있는 가시광선의 파장(0.38~0.76μm)에 이르게 되어 색상을 띠게 된다.

연소의 색상은 연료와 공기의 비율, 온도, 연소효율에 따라 다르다. 예를 들어, 프로판은 확산에 의해 공기와 혼합될 때 노란 불꽃으로 타지만 공기를 예혼합(Pre-mix)한 상태에서는 파란 불꽃으로 타오르고. 반대로 공기가 적을 때

표 4-1 온도별 화염의 색상

색상	온도(℃)
암적색(진홍색)	750
적색	850
휘적색(주황색)	950
황색	1,100
백색	1,300(백적색) ~ 1,500(휘백색)
파란색	1,400 ~ 1,650

는 붉은색의 불꽃이 된다. 물론 화재현장은 여러 물질이 섞여 연소하므로 화염의 색상을 일률적으로 판단할 수는 없지만 참고용으로 사용할 수는 있을 것이다.

4.2.6.1. 롤오버(Roll Over)

천장 부근에 축적된 가연성가스와 공기의 혼합기는 온도상승에 따라 자연발화 온도에 도달하거나 연소 중인 불꽃에 접촉하여 착화된다. 이때 그 불꽃이 일부분에 국한되고 순간적으로 발생한 후 사라지는 것을 **플래시**(Flash) 또는 플래시파이어라고 한다. 이는 연소범위가 그 부분에만 제한되기 때문이다. 그러나 그 범위가 넓고 화염이 천장면을 따라 흘러가듯이 확산하면 **롤오버**(Roll Over)가 된다.

이 두 현상은 연기층의 미연소가스가 가연성혼합기를 형성해가고 있으며 자연발화 온도에 근접하고 있음을 나타내는 지표가 된다. 그리고 롤오버 화염이 방출하는 복사열은 그 아래에 있는 상대적으로 낮은 온도의 가연성가스를 가열하여 발화시킬 수 있으며, 이로 인해 미연소 가스와 실내 가연물이 한꺼번에 착화되면서 **플래시오버**(Flash Over)가 발생할 수 있다. 참고로 '~ 위의'라는 뜻의 'over'는 '여기저기, 사방에'라는 뜻도 가지고 있어 플래시오버는 플래시가 구획실 여기저기 온 사방에서 발생하는 현상임을 설명하고 있다. 어쨌든, 롤오버는 플래시오버의 전조현상이므로 롤오버가 목격되면 즉시 기상냉각을 실시하고 철

그림 4-12 플래시파이어(左)와 롤오버(右)

출처: 10 Years of CFBT, Dario Gaus(IFIW 2017 Hong Kong 자료)

수를 고려하는 것이 좋다.

4.2.6.2. 분출화염(Erupting Flame)

화염이 창을 통해 분출하고 있다면, 이미 플래시오버가 발생해 화재실 전체로 연소가 확대된 상태로 볼 수 있다. 이때는 생존자를 기대하기 어렵고 내부 진입은 대원의 안전에 큰 위협이 된다. 2019년 4월 건축법 개정으로 2층 이상 11층 이하의 층에 **소방관 진입창**을 설치하고 있는데, 이것은 플래시오버 이전의 성장기에 활용 가능한 것이지, 화염이 분출하고 있다면 진입창의 기능을 상실했다고 보아 진입하여서는 안 될 것이다.

창을 통한 분출화염은 상층부로의 연소확대에 결정적인 역할을 한다. 이것을 코안다 효과라고 한다. **코안다 효과**(Coanda Effect)는 유체가 만곡면을 흐를 때 그 표면에 밀착하여 흐르는 성질로, 분출되는 화염이나 연기가 근접하는 벽에 부착되는 현상을 말한다.

5.1.4. 물의 표면장력에서 설명하겠지만, 유체는 응집력과 부착력이 작용하는데 벽면과 천장면에 근접하여 분출된 기류는 그 면에 빨려 들어가 부착하여 흐르는 경향을 가진다. 이때 화염의 분출 힘보다 벽면의 부착력이 더 클 경우, 유출되는 화염이나 연기는 벽면을 따라 흐르게 된다. 창을 통한 상층 연소확대 메커니즘을 살펴보면 아래와 같다.

① 화재가 발생하면 부력으로 실내외 압력차가 발생하고, 중성대를 기점으로 상부는 유출, 하부는 유입되는 압력분포가 형성된다.

② 개구부의 높이에 따라 압력분포가 다른데, 개구부의 높이가 낮을수록 중성대가 낮아지고, 분출되는 힘은 약하다.

③ 창으로부터 분출되는 화염은 부력에 의해 상승하지만, 벽과 화염 사이에 조성된 진공 상태와 주변으로부터 빨려드는 기류로 인해 화염은 벽에 밀착하여 위쪽으로 전파된다.

④ 분출되는 힘의 크기가 작을수록 외부에서 유입된 공기의 흐름을 이기지 못하고 화염이나 연기는 벽면을 따라 흐르게 된다.

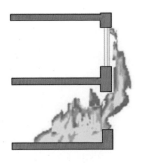 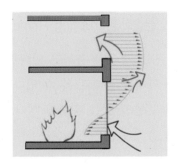

그림 4-13 코안다 효과

화염은 진공상태와 코안다 효과에 의해 벽면에 부착해 흐르면서 신장되어 상층부의 창호가 화염에 노출되는데, 창호유리의 온도가 500℃ 이상이 되면 파손되어 연소확대가 이루어진다.

분출화염은 개구부의 가로 폭과 높이의 비율에 따라 분출하는 힘이 달라진다. 높이보다 너비가 더 큰 횡장창은 높이가 더 큰 종장창보다 화염 분출의 힘이 작아서, 화염은 빨려드는 기류에 의해 벽에 밀착하고 길이는 더 길어진다. 횡장창이 상층 연소확대가 더 잦은 이유다. 그리고 이러한 분출화염의 궤도를 수정하여 상층의 연소확대를 방지하는 것이 수직방향의 스팬드럴과 수평방향으로 돌출된 캔틸레버다.

그림 4-14 캔틸레버와 스팬드럴

 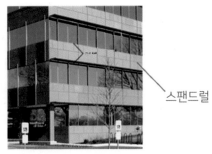

캔틸레버

스팬드럴

※ 실화재 기반의 세계 소방훈련장

🏃 그림 4-15 미국 TEEX Brayton Fire Training Field

출처: 구글 어스

🏃 그림 4-16 네델란드 Spinel Safety Center

출처: 구글 어스

🏃 그림 4-17 호주 VEMTC

출처: https://www.dcwc.com.au

05

소화수와 주수기법
(Fire Water & Stream)

물은 수소결합으로 이루어져 분자 간 결합력이 크다. 이 결합을 끊고 물이 기체로 증발하려면 많은 열에너지가 필요하다. 이것을 증발잠열이라 하며 물을 소화에 이용하는 가장 큰 이유다.

소화수와 주수기법(Fire Water & Stream)

5.1. 물의 특성

　물은 수소원자 2개, 산소원자 1개가 공유결합으로 분자를 구성하고 있다. 기체일 때는 독립된 분자로 존재하지만 액체의 물은 분자들 사이에 수소결합이 발생해 공유결합과 수소결합의 특성을 모두 가지게 된다. 특히 고체인 얼음으로 동결되면 수소결합에 의해 육각의 결정구조를 갖게 되는데 이때 빈 공간이 생겨 얼음의 부피는 물보다 커지고 밀도는 작아진다. 동결 시 약 10%의 체적팽창과 25Mpa의 압력이 발생해 배관 등의 동파가 발생하므로 물을 이용하는 소화설비는 보온재, 열선, 부동액 등의 동결 방지대책을 강구하고 있다.

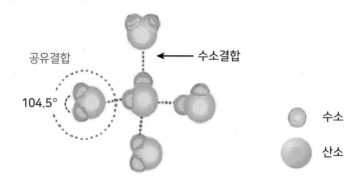

그림 5-1　물의 분자구조

　　물은 수소결합으로 인해 분자 간 결합력이 크다. 이 결합을 끊고 상태변화
를 하려면 많은 열량(에너지)이 필요하다. 그래서 상태변화 없이 온도변화에 필
요한 **현열**보다 상태변화에 필요한 **잠열**이 훨씬 크다. 잠열 중에서도 고체에서
액체로 변화는 융해잠열보다 액체에서 기체로 변하는 증발잠열에 더 많은 에너
지가 필요한데, 물의 소화 기능은 바로 이러한 증발잠열을 이용하는 것이다.

※ 현열　$Q = GC\triangle T$
※ 잠열　$Q = rG$

　　　여기서 G: 물질의 질량, C: 비열, $\triangle T$: 온도변화량, r: 잠열

　　물은 수소결합으로 안정성이 높아 각종 약제를 첨가해 사용할 수 있다. 점
도를 높여 부착력을 올려주는 증점제, 표면장력을 낮추어 침투력을 높이는 침투
제, 고비점의 유류화재 시 에멀젼 생성을 돕는 유화제, 물의 빙점을 낮추는 부
동액 등이 사용되고 있다. 그럼 소화작업에 물을 사용하는 원리를 살펴보자.

5.1.1. 물의 팽창(Expansion)

물은 100℃에서 증기로 바뀌면 원래 부피의 약 1,700배로 팽창한다. 팽창률은 화재현장의 온도에 따라 다르며 온도가 높을수록 팽창률은 증가한다.

기체 부피는 아래의 이상기체방정식을 이용해 구할 수 있다.

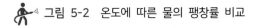 그림 5-2 온도에 따른 물의 팽창률 비교

100℃에서 1,700배   200℃에서 2,060배   600℃에서 3,900배

※ 이상기체방정식

$PV = nRT$

여기서 P: 압력(atm), V: 부피(L), n: 몰(mol)수 T: 절대온도(K)
R: 기체상수 $= 0.08206$ [L·atm/mol·K]

연습문제 ❼

물 1리터(1kg)가 100℃에서 기체로 변할 때 부피는 몇 배 증가하는가?

풀이

$PV = nRT$ 에서 $n(몰수) = \dfrac{m(질량)}{M(몰질량)}$ 이므로 $V = \dfrac{mRT}{PM}$

$V = \dfrac{1,000g \times 0.08206L \cdot atm/mol \cdot K \times 373K}{1atm \times 18g/mol} = 1,700L$

∴ 물은 100℃에서 기체로 변화 시 부피는 약 1,700배가 된다.

물 1리터가 증기로 변할 때 부피가 얼마나 팽창하는지 이상기체방정식을 적용해 온도에 따라 계산하면 [표 5-1]과 같다.

표 5-1 온도에 다른 물의 팽창비 증가

온도(℃)	증기 부피(L)	물 1 리터당 팽창비(m³/L)
100	1,700	1.7
200	2,155	2.1
300	2,610	2.6
400	3,060	3.0
500	3,520	3.5
600	3,980	3.9

연습문제 ❽

가로 6m, 세로 6m, 높이 3m인 구획실의 온도가 300℃일 때 분당 600LPM(10 L/s)으로 방수하면, 수증기로 구획실을 가득 채우는 데 걸리는 시간(초)은? (표 5-1의 팽창비를 이용하여 계산)

풀이

구획실 체적 $= 6m \times 6m \times 3m = 108m^3$

팽창비$(300℃) = 2.6m^3/L$, 방수량 $600LPM = 10L/s$이므로

초당 팽창비 $= 10L/s \times 2.6 \ m^3/L = 26m^3/s$

소요시간 $= 108m^3 \div 26m^3/s = 4.2$초

위 연습문제는 우리가 주수하는 물이 얼마나 팽창하는지를 보여주기 위한 참고용이다. 현장활동에서 중요한 것은 물 부피의 팽창률이나 계산 값을 기억하는 것이 아니라 고온의 환경에서 방수된 물은 열에 의해서 부피가 팽창하고 그

팽창률은 온도가 높아질수록 더 커진다는 것을 이해하는 것이다.

5.1.2. 물의 비열(Specific Heat)

비열(Specific Heat)은 물질 1g의 온도를 1℃ 또는 1K(절대온도) 상승시키는 데 필요한 열량이다. 비열의 단위는 [J/g·K], [J/g·℃] 두 가지가 사용된다. 1℃를 올리느냐, 절대온도 1K만큼 올리느냐에 따라 서로 다른 단위를 사용하는 것이지만, 사실 절대온도는 섭씨온도에 273을 더해주면 되므로, 섭씨온도 1℃ 와 절대온도 1K의 간격이 같아서 차이는 없다.

- 물질 1g의 온도를 1K 올리는 데 필요한 열량(단위: J/g·K)
- 물질 1g의 온도를 1℃ 올리는 데 필요한 열량(단위: J/g·℃)

※ 비열: 물질 1g의 온도를 1℃ 상승시키기 위해 필요한 열량

☞ 물의 비열＝1cal/g·℃＝4.2J/g·℃　∴ 1J ＝ 0.24cal

1[J] : 0.24[cal]＝X[J] : 1[cal] ⇨ 0.24[cal]×X[J]＝1[J]×1[cal]에서

$$X[J] = \frac{1[J] \times 1[cal]}{0.24[cal]} = 4.17[J] ≒ 4.2[J]$$

비열에 이용되는 열량의 단위는 J(줄) 또는 cal(칼로리)가 사용된다. 1J은 0.24cal이므로 1cal는 약 4.2J이다. 1J을 0.24로 나누어주면 약 4.2J이 된다. 또한 1J은 물 1g의 온도를 약 0.24℃ 상승시킬 수 있는 열량이다.

비열은 온도에 따라 조금씩 차이가 있다. 물의 비열은 약 4.2J/g·℃인데 사실 이 값은 온도가 18℃인 물의 비열이다. 지하 배관망에서 공급되는 수원의 온도가 보통 18℃ 내외여서 물의 비열은 이 값을 사용한다. 비열을 비교함으로써 물질의 온도상승을 비교할 수 있다. 예를 들면, 철의 비열은 약 0.460J/g·℃로 물에 비하면 10분의 1 정도밖에 안 된다. 표를 보면 물은 비열이 큰 물질이라는 것을 알 수 있다.

 표 5-2 물질별 비열

물질	비열(J/g · ℃)
물	4.217
목재(Oak)	2.380
콘크리트	0.880
유리	0.840
철	0.460
구리	0.380

출처: 화재역학 및 화재패턴 p.76 참조.

연습문제 ❾

18℃의 물 1리터(약 1kg)을 100℃까지 상승시키는 데 필요한 열량은?

풀이

상변화 없이 온도변화에 필요한 열량은 현열이다.

현열 $Q = GC\Delta T$

$\quad = 1\text{kg} \times 4.2 \text{ kJ/kg℃} \times (100℃ - 18℃) = 344\text{kJ}$

5.1.3. 물의 잠열(Latent Heat)

물은 온도의 차이에 따라 고체, 액체, 기체로 상태 변화를 일으킨다. 고체인 얼음에 열을 가하면 서서히 온도가 상승하고 0℃가 되면 녹아서 액체의 물로 상태가 변화한다. 상변화 과정에 있을 때는 열을 가하여도 온도는 올라가지 않는다. 이때의 열은 고체에서 액체로 상태를 변화시키는 데 온전히 사용되기 때문이다. 이 열을 융해열이라고 한다.

용해된 물에 열을 계속 가하면 온도는 상승한다. 그러나 100℃에서 물의 온도상승은 멈추고 이때부터 열은 물을 수증기로 변화시키는 데 이용된다. 이 상태변화에 가해지는 열을 **기화열**이라고 한다. 이처럼 물질이 상태 변화하기 위해서는 융해열이나 기화열이 필요하고, 이 상태 변화에 필요한 열의 총량을 **잠열**(Latent Heat)이라고 한다. 그리고 융해보다는 증발에 필요한 잠열이 더 크다.

- 융해잠열＝344kJ/kg≒80kcal/kg
- 증발잠열＝2,257kJ/kg≒539kcal/kg

그림 5-3 물의 상태변화와 에너지

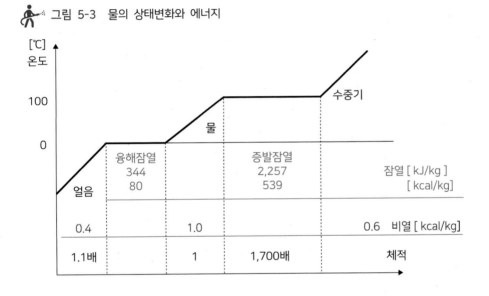

증발잠열이 큰 물질일수록 증발하기 위해 많은 열량이 필요해 주위로부터 많은 열을 빼앗으므로 냉각능력이 크다고 할 수 있다. [표 5-3]에서도 다른 물질과 비교해 물의 증발잠열(기화열)이 크다는 것을 확인할 수 있다.

표 5-3 증발잠열 비교(1기압)

물질	온도(℃)	증발잠열(kJ/kg)
물	100	2,257
메탄올	64.7	1,230
톨루엔	110.6	363
가솔린	-	330
유황	444.6	300

연습문제 ❿

18℃의 물 1리터(1kg)을 100℃의 수증기로 변화하는 데 필요한 열량은?

풀이

$$= 4.2\text{kJ/kg}℃ \times 1\text{kg} \times (100℃ - 18℃) + 2{,}257\text{kJ/kg} \times 1\text{kg}$$
$$= 344\text{kJ} + 2{,}257\text{kJ} = 2{,}600\text{kJ} = 2.6\text{MJ}$$

5.1.4. 물의 표면장력(Surface Tension)

표면장력(Surface Tension)은 액체의 표면 또는 경계면에서 표면적을 작게 하도록 작용하는 힘을 말한다. 물방울이 둥글게 되는 것이나 소금쟁이가 물위를 걸어 다니는 것은 이 힘 때문이다. 물은 내부 분자끼리 서로 끌어당기는 응집력과, 외부의 다른 고체나 기체분자 사이에서 끌어당기는 부착력이 작용한다. 물분자 간의 응집력이 다른 분자와의 부착력보다 클수록 물은 그 경계면(표면)의 면적을 작게 하려는 장력이 작용하는 것이다. 이와 같이 응집력과 부착력의 차이로 발생하는 것을 표면장력이라 하며, 기체와 액체, 기체와 고체 사이의 경계

그림 5-4 표면장력 비교

물

포수용액
(Wetting agent)

면에 작용하므로 계면장력이고도 한다. 표면장력은 단위길이(cm)에 작용하는 힘(dyne)[1]을 뜻하는 dyn/cm 단위를 사용한다.

물은 수소결합으로 분자 간의 응집력이 크기 때문에 표면장력 또한 약 72 dyn/cm으로 큰 편이다. 표면장력이 커서 가연물 깊숙이 침투하지 못하는 단점을 갖고 있는데 침투력이 낮으므로 심부화재의 속 불을 끄기에는 부적합하다. 이를 개선하기 위해 계면활성제[2]를 첨가하면 표면장력이 낮아져 물의 확산과 침투능력을 증가시킬 수 있다. 포소화약제는 물의 표면장력을 30dyn/cm 이하로 낮출 수 있고, 수성막포의 경우 17dyn/cm까지 내려간다.

5.2. 방수량과 수원 확보(Flow Rate & Water Supply)

5.2.1. 필요 방수량(Required Flow Rate)

NFPA 1403은 실화재훈련에 사용되는 진압공격(Attack)용 수관(Hose line)과 백업(Backup)용 수관의 필요 방수량을 각각 360LPM(95gpm) 이상으로 규정하고

---

1) dyne: 질량 1g 물체에 일을 하여 1cm/s²의 가속도를 생기게 하는 힘의 크기
2) 계면활성제: 경계면 혹은 표면에 흡착되어 용액의 계면(표면)장력을 낮추어 분자의 한쪽에 물과 기름이 친화성을 갖는 친수기를 형성하도록 한다. 기름때가 물에 잘 풀리도록 하는 비누, 유류화재 시 기름을 유화시키는 특성을 가진다.

있다. 또한 진압용과 백업용 수원은 서로 다른 펌프차나 소화전에 접속한 별도의 펌프로 공급하게 함으로써 하나가 실패하더라도 용수공급이 가능하도록 대비한다.

참고로, 미국 국립소방학교(National Fire Academy)에서 사용하는 실화재훈련용 방수량 계산식[3]을 소개하고자 한다. 이것은 과거 경험에서 얻은 평균값을 적용한 것으로 화재실 면적을 이용해 아주 간단한 계산이 가능하다. 단위가 [gpm]인데, $1m^2$은 $10.76ft^2$, 1L(리터)는 0.264gal(갤런)이므로 다음과 같이 SI단위로 변환이 가능하다.

- 필요 방수량 $[gpm] = (\ell \times w) \div 3$
- 필요 방수량 $[LPM] = (L \times W) \times 10.76 \div (3 \times 0.264)$
$$= (L \times W) \times 13.6$$

여기서 ℓ[ft], L[m]은 화재실 길이/ w[ft], W[m]는 화재실 너비

연습문제 ⓫

길이 12m, 너비 2.5m, 높이 2.5m의 컨테이너 어택 셀에서 실화재훈련을 할 때 필요한 방수량을 계산하시오.

풀이

Fire flow rate $[LPM] = (L \times W) \times 13.6$
$$= 12 \times 2.5 \times 13.6 = 408LPM$$

연습문제 11의 조건에 필요한 방수량은 408LPM이다. 관창 하나의 방수량은 최소 360LPM 이상이 되어야 하므로, 훈련은 2개의 Attack 라인이 필요하고 여기에 Backup 라인까지 합하면, 훈련에 필요한 총 방수량은 1,080LPM이

---

3) Live Fire Training Principles and Practice 1st edition revised, Jones & Bartlett Learning, p.104.

된다.

그렇다면, 훈련이 아닌 실제 건물화재를 진압하기 위한 필요 방수량을 구하는 공식은 없을까? 이 또한 경험법칙(Rule of Thumb)에 의한 간단한 식으로 가능하다.[4] 높이를 추가해 다음과 같이 계산한다.

$$\text{Fire Flow Rate } [\text{L/s}] = (\text{L} \times \text{W} \times \text{H}) \div 15$$
$$\text{Fire Flow Rate } [\text{LPM}] = (\text{L} \times \text{W} \times \text{H}) \times 4$$

첫 번째 식은 단위시간 1초 동안의 유량[L/s]이고, 두 번째는 이를 분당 유량으로 환산한 식이다. 만약 길이 8m, 너비 6m, 층고가 3.2m인 건물에 화재가 발생하였다면 화재진압에 필요한 방수량은 8×6×3.2×4=614LPM이 된다. 이 경우 진압공격(Attack)용 소방호스는 2선 연장이 필요할 것이다.

위 식들은 과거의 경험을 통해 정립된 평균값이므로 모든 상황에 들어맞는 것은 아니다. 내부에 위험물이 있다거나 방화 등의 특별한 경우에는 더 많은 방수량이 필요하다. 그러나 건물의 면적과 높이만 알면 대략적인 방수량을 구할 수 있으므로 현장에서 많이 이용되고 있다. 이러한 계산식은 오랜 기간 미국 내에서 축적된 현장의 통계와 데이터를 기반으로 구축된 경험식이다. 우리도 화재현장마다 소방용수 사용량 데이터를 축적한다면 충분히 가능하다. 지금이라도 국가화재통계시스템에 건물용도와 규모에 따른 용수 사용량 항목을 신설하고 관련 데이터를 축적해 나갈 필요가 있다.

5.2.2. 수원 확보(Water Supply)

건물화재 진압을 위해 필요한 총 수원의 양은 예측이 가능할까? 물론, 건물의 특성과 용도, 가연물의 양에 따라 주수량과 소화시간이 달라지기 때문에 정

---

4) Calculation methods for water flows used for fire fighting purposes, SFPE(NZ) Technical Publication - TP 2004/1, p.5.

확히 예측하기는 쉽지 않다. 다만, 2018년 캐나다의 Jim Septhon이 발표한 자료[5]에 참고할 만한 내용이 있어 여기에 소개한다. Jim은 캐나다 Building Code와 Fire Underwriters Survey 그리고 미국의 NFPA 1142[6] 기준을 비교하면서, 상수도망이 확보되지 않은 시골 교외지역에서 화재를 대비한 수원의 확보량을 구하고자 하였다. 물론 상수도 시설이 없으므로 인공수조를 이용해야 한다.

Jim Septhon이 사용한 계산식은 아래와 같다. 계산식은 건물의 용도, 형태, 크기, 그리고 노출위험 등을 반영하고 있어 건물화재 시 화재진압에 최소로 필요한 수원의 양을 예측하는 데 참조할 수 있다.

$$\text{WS}_{min}\ [\text{gal}] = (\frac{TV}{OHC}) \times CC \times EH$$

- WS_{min} [gal]: 최소 확보수원(Water Supply Minimum)
- TV [ft^3]: 건물의 총 체적(Total Volume=L×W×H)
- OHC: 수용물 위험(Occupancy Hazard Classification)
  ※ TV의 단위(ft^3 또는 m^3)에 따라 적용 값이 다르다.
- CC: 건축유형 구분(Classification of Construction Type)
- EH: 노출위험(Exposure Hazard)
- WS_{min}는 2,000gal(7,600L) 이상으로 한다.
  ☞ 계산 값이 2,000gal(7,600L) 미만인 경우, 2,000gal(7,600L)로 한다.

---

5) Water Supplies for Suburban and Rural Fire Fighting
6) NFPA 1142 Standard on Water Supplies for Suburban and Rural Fire Fighting, 1999 Ed.

표 5-4 수용물 위험(OHC: Occupancy Hazard Classification)

수용물 위험 구분*	건물용도	적용 값**	
		US	SI단위
격심한 위험 (Severe hazard)	폭발물제조 및 보관시설, 인화성액체 분사시설, 합판 제조시설 등	3	0.0224
고위험 (High hazard)	창고, 건축자재 창고, 백화점, 전시장, 강당, 극장, 카센터 등	4	0.0299
중위험 (Moderate)	의류제조공장, 세탁소, 식당. 기계정비시설, 도서관(대형 서고가 있는)	5	0.0373
저위험 (Low)	주차장, 제과점, 이발소, 미용실, 관공서 등	6	0.0448
경위험 (Light)	아파트, 기숙사, 소방서, 병원, 호텔, 모텔, 도서관, 박물관, 학교 등	7	0.0523

* 수용물의 양, 가연성 및 확산속도에 따른 위험 구분으로 실화재훈련용 건물은 경위험(Light)을 적용한다.
** 건물 체적(Total Volume) 단위에 따라 적용 값이 다르다. ft³는 US값을, m³는 SI단위의 값을 적용한다.

표 5-5 건축유형 구분(CC: Classification of Construction Type)

구분	내용	적용 값
Type I (Fire resistant)	벽, 기둥, 보, 바닥, 지붕 등의 주요구조부가 내화등급(fire resistance ratings)에 해당하는 것	0.5
Type II (Noncombustible)	벽, 기둥, 보, 바닥, 지붕 등의 주요구조부가 불연(noncombustible) 또는 준불연재료에 해당하는 것	0.75
Type III (Ordinary)	외벽이 석재 등의 불연재로 되어 있으면서 벽, 기둥, 보, 바닥, 지붕 등의 구조부는 전체 또는 부분적으로 목재 또는 기타 가연성 재료로 구성된 것	1.0
Type IV (Heavy Timber)	벽과 구조부가 불연 또는 준불연재료로 구성되고, 기둥, 보, 바닥 및 지붕 등의 구조부가 견고한 목재로 구성되고 내부에 숨겨진 공간이 없는 것	0.75
Type V (Wood Frame)	벽, 기둥, 보, 바닥, 지붕 등의 구조부가 전체 또는 부분적으로 Type IV보다 작은 치수의 목재 또는 기타 가연성재료로 되어 있는 것	1.5

표 5-6 노출위험(EH: Exposure Hazard)

노출위험	적용 값
건물면적이 100ft²(9.29m²) 이상이고 다른 건물로부터 50ft(15.24m) 이내에 있는 경우 노출위험이 있는 것으로 간주하여 1.5를 곱한다. 단, 수용물 위험(OHC)이 3 또는 4인 경우, 면적과 상관없이 50ft(15.24m) 이내이면 노출위험으로 간주한다.	1.5

※ 노출 위험이 있는 건물의 최소 확보수원은 3,000gal(11,355L) 이상이어야 한다.

연습문제 ⓬
길이 6m, 너비 6m, 높이 3m로 구획된 단층 목재건물이 있다. 화재발생에 대비해 필요한 최소 수원량을 계산하시오.(조건: 수용물 위험은 Light, 노출위험이 있는 것으로 적용한다.)

풀이

- $TV = 6 \times 6 \times 3 = 108m^3$
- OHC(수용물 위험) = 0.0523
- CC(건축유형 구분) = 1.5(Wood-framed)
- EH(노출 위험) 조건에 해당 1.5 적용
- $WSmin\ [gal] = (\dfrac{TV}{OHC}) \times CC \times EH$

$$= (\dfrac{108}{0.0523}) \times 1.5 \times 1.5 = 4,646[gal]$$

- 갤런 단위를 리터로 변경하면, 1gal은 3.785L이므로

$$= 4,646 \times 3.785 = 17,586리터$$

화재진압에 필요한 수원의 양은 건물의 화재하중 밀도(MJ/㎡)와 물의 잠열을 이용하여 구할 수도 있다. 물은 증발 시 주위의 많은 열을 흡수하는데 우리는 이미 물 1리터가 얼마만큼의 열량을 흡수하는지 잠열을 통해 알고 있다

(5.1.3. 물의 잠열 참조).

예를 들어, 24평(79.2㎡) 주택화재 진압을 위한 필요 수원을 구해보자. 참고로, 수원은 18℃ 물을 사용하고, 주거시설의 화재하중 밀도는 780MJ/㎡(표 2-9 참조), 물 1리터의 융해잠열은 344kJ, 증발잠열은 2,257kJ이다.

- 24평 주택의 총 화재하중 = 79.2㎡ × 780MJ/㎡ = 61,776MJ

- 물 1리터의 잠열 = 344kJ + 2,257kJ = 2,600kJ = 2.6MJ

- 필요 수원 = $\dfrac{총화재하중}{물의 잠열}$ = $\dfrac{61,776MJ}{2.6MJ/L}$ = 23,760L

  ∴ 23,760L × 1.5(여유율 50%) = 35,640L

위의 계산방법을 풀어서 설명하면, 건물용도에 따른 단위면적당 화재하중에 건물 면적을 곱해 총 화재하중을 구할 수 있다. 여기에 물 1리터의 잠열(흡수가 가능한 열량)로 나누어주면 필요한 수원의 양이 구해진다. 그리고 마지막으로 여유율을 반영해준다.

방수된 물이 모두 소화에 이용되는 것은 아니므로 여유율을 곱해준다. 연소확대 방지를 위해 인근 건물에 주수되거나 소화와 상관없이 바닥에 낭비되는 부분도 있을 것이다. 연구에 따르면 방수되는 물의 소화효율(Extinguishing Efficiency)은 30%에서 50% 사이라고 한다.[7] 기상냉각이나 가연물의 소화에 직접 활용되는 물은 총 방사된 물의 최대 50% 이내라는 것이다. 위 식에서 여유율 50%를 적용한 이유가 여기에 있다. 이렇게 구한 35,640리터의 수원은 6,000리터 용량의 물탱크차 6대에 해당하는 양이다. 그리고 불안정한 화재현장의 특성을 감안하면 여유율을 다양하게 적용할 수 있을 것이다.

---

7) Euro Firefighter 2, Paul Grimwood, 2017. p.242.

관창(Nozzle)은 수류를 개폐하는 기능뿐만 아니라 수류에 마찰을 제공하여 방사 시 필요한 추진력과 속도를 얻을 수 있도록 한다. 유체는 관경이 가늘어질수록 속도는 증가하고 압력은 감소한다. 압력의 감소는 힘의 감소를 가져와 관창수의 부담을 덜어주고, 속도는 수류에 추진력을 제공해 화점까지 쉽게 도달할 수 있도록 한다.

$$F(힘) = P(압력) \times A(단면적)$$

관창은 밸브의 방식에 따라 볼 밸브 타입, 슬라이드 밸브 타입, 로타리 밸브 타입으로 구분한다.

5.3.1. 관창의 밸브 방식

볼 밸브(Ball Valve) 타입은 공(Ball) 모양 밸브의 방향을 바꾸어 유로를 개방하거나 차단하는 아주 간단한 타입이다. 과거에는 개방형 관창팁에 연결하여 솔리드 스트림의 개폐기능만 담당했지만, 지금은 다기능 피스톨 관창의 개폐밸브 역할로 사용하고 있다.

 그림 5-5 볼밸브 타입 피스톨 관창

OPEN　　　　　　　　CLOSE

슬라이드 밸브(Slide Valve) 타입은 원통형 모양의 이동식 실린더 끝에 원뿔 모양의 배플(Baffle) 시트를 장착하고, 실린더 이동으로 물의 흐름을 차단하거나 개방하는 방식이다. 슬라이드 밸브 타입의 관창은 물의 흐름이 원활해지고 난류가 줄어드는 장점이 있다.

🔥 그림 5-6 슬라이드 밸브 타입 피스톨 관창

OPEN   CLOSE

이 방식은 실린더 주위로 물을 흘려보내고 관창 선단의 주변 가장자리에 반사시켜 주수를 형성하는데 이러한 방식의 주수(Stream)를 Periphery deflected stream이라고 부른다. 배플(Baffle)의 위치에 따라 주수의 패턴을 변화시킬 수 있다.

이러한 노즐에는 자동과 비자동식 두 가지 유형이 있는데, 자동식은 송수압력에 따라 수축 또는 팽창하는 스프링이 배플에 설치된다. 이 스프링은 100 psi에서 작동하도록 맞추어져 있어서 그보다 작은 압력의 물이 지나갈 때는 배플이 안쪽으로 이동하여 스프링의 장력으로 주수패턴을 유지하고, 그보다 높은

🔥 그림 5-7 배플의 구조

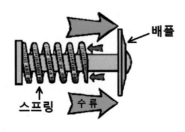

배플

스프링 수류

압력일 때는 배플이 바깥쪽으로 이동해 노즐 반동을 최소화한다.

로타리(Rotary) 타입은 외부 몸통과 내부 몸통이 나사방식으로 연결되어 있고, 외부 몸통을 회전시키면 내부 몸통에 연결된 디플렉션 축(Deflection Stem)과 관창 선단과의 유격에 따라 변형된 패턴의 주수가 발생하는 방식이다. 이 또한 Periphery deflected stream의 일종인데 우리가 많이 사용하는 분무관창에 적용되는 방식이다.

 그림 5-8 로타리 타입 분무 관창

5.3.2. 피스톨 관창(Gun Type Nozzle)

과거에는 개방형 관창이 많이 사용되었으나 지금은 펌프차 상부에 개방팁을 장착한 방수총 외에 개방형 관창은 거의 사용하지 않는다. 대신 건 타입(Gun type)이라고 부르는 피스톨 관창을 많이 사용하고 있다. 피스톨 관창은 손잡이가 있어 사용이 편리할 뿐만 아니라 직사(Straight)에서 분무(Fog)까지 주수형태를 자유롭게 변화시킬 수 있어 활용성이 매우 높은 관창이다. 앞에서 살펴본 볼밸브와 로타리 밸브를 병용하는 구조가 많은데, 볼 밸브는 주수의 개폐를 위해, 로타리 밸브는 다양한 주수패턴을 위해 사용한다.

[그림 5-9]는 고정유량 및 가변유량 피스톨 관창이다. 좌측 관창은 노즐압력 100psi에 유량이 130GPM으로 고정되어 있다. SI 단위로 바꾸면 0.7MPa 압력에 490LPM의 유량이다. 전방에는 회전식 로타리(Rotary)가 있어 직사에서 분

그림 5-9 피스톨 관창

피스톨 관창(고정 유량)
490 LPM @ 0.7Mpa

피스톨 관창(가변 유량)
360/475/550/750 LPM @ 0.7MPa

무까지 주수패턴(주수 각)을 조절할 수 있고 후방에는 볼밸브가 있어 주수의 개폐기능을 담당한다. 반면, 우측 관창은 전방에 주수패턴을 조절하는 로타리와 후방의 볼밸브 사이에 유량을 조절하는 장치가 하나 더 설치되어 360LPM에서 750LPM까지 4단계의 유량조절이 가능하다. 물론, 압력은 7bar를 기준으로 한다. 반동력 때문에 사람이 조작하는 관창은 모두 7bar, 즉 0.7MPa 이하의 압력을 사용한다. 7bar에서는 주수가 흐트러지지 않고 손실도 적어서 사람이 조작하지 않는 모니터나 대용량방사포도 7bar를 기준으로 하는 경우가 많다.

관창은 현재까지 많은 개선을 이루었지만, 지금도 개발이 계속되고 있다. 반동력을 최소화시킨 관창, 유량은 물론 압력제어까지 가능한 관창, 밀폐 및 구획공간의 벽체를 관통해 내부주수가 가능한 돌진관창(Piercing Nozzle), 그리고 미세한 입자의 주수가 가능한 하이브리드 관창 등 다양한 기능의 관창이 증가함에 따라 화재전술에 따른 관창 선택의 폭도 넓어지고 있다.

5.4. 소화 주수(Fire Stream)

소화주수(Fire Stream)는 미국 소방학교 교재 Essentials에서 '원하는 대상에 도달시키기 위해 호스 관창에서 방사한 소화수 또는 기타 소화제'로 정의하고 있다. 주수는 용도에 따라 서로 다른 형태로 만들어지기 때문에 '완벽한 소화 주수'를 구성하는 것이 무엇인지 명확하게 정의할 수는 없다. 소화주수는 노즐로부터 방사된 후, 공기를 통과하면서 속도, 중력, 바람 그리고 공기와의 마찰에 의해 영향을 받는다. 방수 목적에 따라 노즐을 선택하고 효과적인 주수기법을 익혀둘 필요가 있다. 미국과 일본에서 구분하고 있는 대표적인 주수 기법을 소개한다.

5.4.1. 솔리드 스트림(Solid Stream)

솔리드 스트림(Solid Stream)은 개방형 관창에서 방사되는 막대 모양의 **봉상 주수**를 말한다. 콘 모양의 관창팁이 개방되어 있어 방수 에너지를 선단에 집약하여 주수할 수 있는 구조를 갖고 있다.

관을 통과하는 물의 중심은 빠르지만, 관벽 쪽으로 갈수록 물리적 마찰의 원리에 따라 흐름의 속도는 감소한다. 노즐도 마찬가지다. 수류가 노즐을 빠져나가면서 주수 흐름의 가장자리에 난류가 발생해 주수의 질은 나빠진다. 노즐을 콘 또는 깔때기 모양으로 구경을 축소시켜 이러한 현상을 줄일 수 있다. 솔리드 스트림에 사용하는 개방형 관창은 노즐 속, 물의 형상이 점차 축소되어 흐르다가 노즐 선단에서 직경의 1배 내지 1.5배 거리의 원통형 보어를 지나면서 방사되도록 설계한다. 이렇게 함으로써 층류의 안정된 주수를 만들어 낼 수 있는 것이다.

과거 우리나라에서 주수의 방법을 봉상(棒狀), 적상(滴狀), 무상(霧狀)으로 분류하던 때가 있었다. 물론, 지금도 소방시설에 이러한 구분은 사용되고 있다. 예를 들어 옥내소화전은 봉상, 스프링클러설비는 적상, 물분무설비는 무상의 형태로 방사가 된다고 설명하고 있다. 소방법령의 모태가 일본의 소방법이었던 것처럼 주수기법 또한 최초 일본의 3가지 분류법을 가져온 것이 아닐까 생각된다. 그러나 지금 소방에서는 개방형 관창팁을 사용하지 않는 만큼 소방전술에서 봉상이란 말은 거의 사라지고 대신 직사주수라는 용어를 많이 사용한다. 그러나 직사(Straight)와 봉상(Solid) 주수는 서로 다른 성질의 주수기법으로서 구분할 필요가 있다. 차이점은 직사주수(Straight Stream)에서 설명하기로 하고 봉상주수의 장단점을 먼저 살펴보자.

5.4.1.1. 봉상주수(Solid Stream) 장 · 단점

- 주수의 힘이 강해 관통력이 크다.
- 시야확보에 유리하다.
- 다른 주수에 비해 사거리가 길다.
- 증기로 증발하는 양이 적다.
- 소화 활동 중 열성층에 대한 간섭이 적다.
- 스트림 패턴을 바꿀 수 없다.
- 다른 패턴에 비해 냉각효과가 적다.

증기로 증발하는 양이 적은 것은 냉각효과 면에서 단점이 될 수 있지만, 열성층 교란이 적어 대원의 안전 측면에서는 장점이 될 수 있다.

5.4.2. 직사주수(Straight Stream)

직사주수는 솔리드 스트림과 비슷한 직선의 형태를 갖고 있지만, 개방형 관창에서 방사되는 솔리드 스트림과 달리 방사각 조절이 가능한 분무관창이나 피스톨 관창에서 만들어지는 주수형태다.

직사주수(Straight Stream)는 방사될 때 주수의 흐름 속에 공기 영역(Hollow)

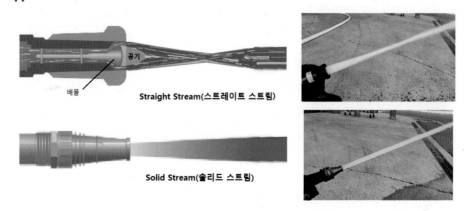

그림 5-10   직사주수(Straight)와 봉상주수(Solid) 비교

Straight Stream(스트레이트 스트림)

Solid Stream(솔리드 스트림)

이 만들어진다. 노즐 선단의 배플(Baffle) 주위를 통과하면서 마찰이 생기고 노즐 직후에 빈 공간이 만들어지기 때문에 노즐을 떠난 수류는 처음에는 가운데로 모여들면서 폭이 감소한다. 그러나 거리가 늘어나면서 폭은 다시 증가하면서 방사된다. 그래서 봉상(Solid)보다 멀리 나가지 못하고 물방울 크기도 작아 더 쉽게 증발하고 관통력도 솔리드 스트림보다는 작다. 그러나 분무관창을 이용하므로 직사와 분무를 상황에 따라 조정이 가능하다는 점은 패턴을 바꿀 수 없는 솔리드 스트림보다는 장점이라고 할 수 있다.

직사주수(Straight Stream)보다는 봉상주수(Solid Stream)가 마찰이 적고 펌프에서 송수된 수원을 그대로 방사하므로 관통력과 파괴력이 더 크다. 그만큼 관창수의 반동력도 크기 때문에 미국에서 직사주수는 노즐의 압력을 100psi(0.7 Mpa)까지 사용하지만, 봉상주수는 최대 50psi(0.35 Mpa) 이하로 제한하고 있다.

5.4.3. 분무주수(Fog Stream)

일본은 주수 패턴을 Straight, Spray, Fog로 구분한다. Spray와 Fog주수는 방사되는 물방울의 크기를 감안할 때 각각 적상, 무상이라고 설명할 수 있다. 그리고 방사각을 기준으로 15°에서 45° 이내를 스프레이 주수라 하고, 45° 이상을 분무주수라고 한다.

그러나 미국에서는 스프레이(Spray)를 따로 구분하지 않고 있다. 그들은 봉상(Solid), 직사(Straight) 그리고 분무(Fog)로 구분하고 분무를 다시 각도에 따라서 좁은 각 분무와 넓은 각 분무로 구분한다.

- Narrow Fog(좁은 각 분무): 15~45° ☞ 일본은 스프레이주수라 한다.
- Wide Fog(넓은 각 분무): 45~80° ☞ 일본은 분무주수라 한다.

그러면 우리나라는 어떻게 구분하고 있을까? 소방학교 교재 「방호전술」에 따르면, 우리는 직사(Straight)와 분무(Fog)로 구분하고 있어 일본보다는 미국의 주수기법을 따르고 있는 듯하다. 그러나 우리는 분무를 다시 고속, 중속, 저속분무로 구분하고, 각도 또한 45°보다는 30°를 기준으로 하고 있어 미국과 조금 차이가 있다.

- 고속분무: 관창압력 0.6MPa 이상, 전개각도 10~30°
- 중속분무: 관창압력 0.3MPa 이상, 전개각도 30° 이상
- 저속분무: 관창압력 0.3MPa 미만

주수(Stream)는 물체와 부딪히거나 공기와 마찰하면서 방수되므로 고체(Solid) 성상의 연속성을 잃게 된다. 그 중에서도 분무주수는 노즐의 마찰과 충격을 최대로 이용하여 부서진 형태의 수류를 방사하는 주수라고 할 수 있다. 그러다 보니 바람이나 공기의 저항을 많이 받아 다른 주수 패턴에 비해 속도가 느리고 사거리도 짧아지기 때문에 옥외화재 진압은 적합하지 않은 경우가 많다.

그러나 분무는 냉각효과가 뛰어나고 반동력이 작아 조작하기가 편해 실내에서 불을 끄는 데에는 큰 효과를 볼 수 있다.

5.4.3.1. 분무주수 장·단점

- 불에 닿는 표면적이 커서 냉각효과가 가장 크다.
- 농연과 열기로부터 대원을 보호할 수 있다.

- 반동력이 작아 비교적 장시간 조작이 가능하다.
- 잘못 사용하면 실내 열성층을 흐트러뜨릴 수 있다.
- 중력, 바람, 공기저항 등에 영향을 많이 받아 사거리가 짧다.
- 밀어내는 공기가 화염에 공급되어 연소를 촉진하는 경우가 있다.

5.4.3.2. 분무주수와 난류

방수의 각도를 크게 할수록 분류의 영향으로 주변의 공기가 수류에 쉽게 흡입되므로 구획실 내부에서의 분무주수는 공기의 유입을 용이하게 한다. 분무로 구획실 내에 방수할 경우 수류에 공기가 유입되면서 분무주수 전방에 난류가 발생하고 방수시간이 길어질수록 연기와 열기를 밀어내는 힘이 강해진다. 분무주수는 1분당 약 280㎥의 공기를 유동시킬 수 있다고 한다.

전방에 배기구가 존재한다면 구획실 내부의 연기와 열기를 외부로 쉽게 배출할 수 있겠지만, 밀폐된 구획이라면 분무에 의해 내부압력이 높아지고 관창수 쪽으로 다시 밀려오는 난류도 강해진다. 만약 복도 등의 다른 구획과 연결되어 있으면 연기와 열기를 그쪽으로 밀어낼 가능성도 크다. 그러므로 배기가 가능한

그림 5-11 배기구 유무에 따른 난류 비교

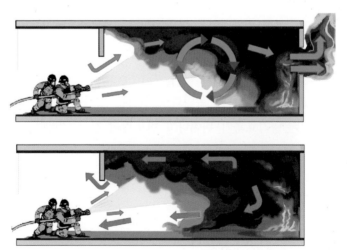

개구부가 없는 구획실의 경우, 분무보다는 공기의 유동을 적게 하는 주수기법을 적용하는 것이 유리할 수 있다.

5.4.4. 반사주수(Deflected Stream)

직사주수를 천장이나 벽에 부딪히게 하면 수류가 흩어지면서 미세한 물방울이 되어 펄스와 같은 기상냉각 효과를 얻을 수 있으며, 동시에 물이 닿는 부분의 표면냉각도 실시할 수 있다.

이렇게 물을 벽체 또는 천장에 맞혀 물방울을 만드는 것을 **반사주수** 또는 **디플렉티드 스트림**(Deflected Stream)이라고 한다. 페인팅과 비슷한 기법이지만, 페인팅에 비해 더 많은 물방울과 미스트를 발생시킬 수 있는 주수기법이다.

비교적 좁은 구획에서는 펄스 기법으로 열 환경을 냉각할 수 있지만, 공장이나 창고 등 넓은 공간이나 천장이 높은 구획에서는 펄스 주수는 도달거리가 짧아 가스냉각 효과를 얻지 못한다. 그런 환경에서는 장거리나 높은 곳에도 적용할 수 있는 반사주수를 이용한 기상냉각이 효과적이다.

반사주수는 표면냉각에도 사용할 수 있다. 전방에 장애물이 있거나 연소물에 접근할 수 없는 경우 천장 등에 주수를 반사시켜 연소 실체를 냉각할 수 있다. 물론 실체에 닿지 않더라도 발생하는 수증기에 의해 화세를 억제하는 효과도 기대할 수 있다.

참고로, 국내 소방교재에서 반사주수를 브로큰 스트림으로 표현하기도 하는데, 미국에서 브로큰 스트림은 다른 뜻으로 사용하고 있으니 주의해야 한다. 방사된 물이 벽체 등에 부딪혀 반사되는 것이 아니라 관창(Nozzle)을 수류가 서로 부딪히며 방사되도록 제작하여 잘게 부서진 수류가 방사되는 것을 **브로큰 스트림**(Broken Stream)이라고 한다. 대표적인 것이 **셀라 노즐**(Cellar Nozzle)이다.

발명가의 이름을 따서 브레즈넌(Bresnan) 노즐이라고도 부르는 셀라 노즐은 지면 아래 또는 관창수보다 아래에 위치한 대상물에 사용하도록 설계된 회전식 분배노즐이다. 접근이 어렵거나 지면 아래의 낮은 곳에서 진행되는 화재를 진압

 그림 5-12   셀라 노즐의 브로큰 스트림

출처: 울산남부소방서 제공.

하기 위해 사용한다([그림 5 – 12] 참조).

5.4.4.1. 반사주수와 난류

직사를 천장이나 벽 등을 향해 방수하면서 반사주수를 만들면 그 전방에 분무주수와 같은 난류 효과가 발생한다.

반사주수가 발생하는 지점의 전후에 압력차가 발생하는데 전방은 공기를 앞으로 밀어내면서 하부에서 상부로 기류가 부상하여 회전하는 듯한 기류가 발생한다. 분무주수는 노즐을 나왔을 때부터 난류가 일어나는 데 반해, 직사주수는 천장이나 벽 등에 닿은 위치에서 난류가 현저해지므로 구획 내로 유입되는 공기량은 분무에 비해 소량이 되며, 다시 밀려오는 난류도 줄어들게 된다.

참고로 소방학교 소방전술 교재를 보면, 연기와 열기에 휩싸여 있는 요구조자나 대원에 대한 엄호주수 시 반사주수를 이용하고 있는데,[8] 농연과 고온의 열기로 충만한 열성층을 교란할 수 있으며 수증기 화상을 입힐 수 있으므로 화

---

8) 2019년 신임교육과정 소방전술1, 4장 단계별 화재진압활동, p.192.

그림 5-13 반사주수와 난류

재초기를 제외하고 절대 시행해서는 안 될 방법이다. 최근 소방대원이 수증기화
상을 입어 사망한 사고가 울산에서 발생하였다. 방화복도 수증기화상을 막아주
지는 못한다. 물에 젖은 방화복은 뜨거운 물수건을 뒤집어 쓴 것과 다르지 않
다. 당장 수정이 필요한 부분이다.

5.5. 구획실 주수의 목적

구획실 내의 주수는 무엇을 목적으로 할 것인지에 따라 표면냉각과 기상냉
각으로 나눌 수 있다.

5.5.1. 표면냉각(Surface Cooling)

표면냉각은 연소중인 실체나 아직 연소하지 않은 가연물, 천장이나 벽의
표면을 적셔서 냉각하는 것을 말한다. 표면냉각은 가연물 온도를 낮춰 열분해를
억제함으로써 불꽃연소의 연료가 되는 가연성 가스의 발생을 방지하는 방법이
다. 연소중인 표면이나 열을 받아 향후 연소할 우려가 있는 표면을 사전에 냉각
하는 간단한 방법이지만, 표면냉각 시 유념해야 할 부분이 있다. 첫 번째는 방

그림 5-14 표면냉각과 기상냉각

고온 천장면(표면냉각)
고온 가스(기상냉각)
화염(기상냉각)
가연물 연소면(표면냉각)
미연소 표면(표면냉각)

수 각도다. 정면으로 보이는 부분의 표면은 냉각시킬 수 있지만, 그 뒤쪽 표면
은 냉각이 쉽지 않다. 이때는 방수위치를 이동하여 각도를 바꾸면서 방수할 필
요가 있다.

두 번째는 방수량이다. 한 번 냉각하였다고 해도 남아 있는 열에 의해 반응
이 계속되는 경우, 복사열에 의해서 다시 연소를 개시할 가능성이 크다. 따라서
반응을 멈추게 할 만큼의 방수량이 필요하다.

세 번째는 방수시간이다. 방수한 물이 시간이 지나 증발함으로써 표면냉각
효과가 없어지는 경우가 있으므로 시간의 경과에 따라 연소상황을 확인하고 필
요에 따라 표면냉각을 반복적으로 실시할 필요가 있다.

5.5.2. 기상냉각(Gas Cooling)

구획실 내부 공간의 가스를 냉각시키면 구획실의 화재환경을 제어할 수 있고
인명검색도 가능하다. 고온의 연소가스를 자연발화온도(Auto Ignition Temperature)
이하로 냉각시킴으로써 화재확대 및 플래시오버 가능성도 막을 수 있다.

필요한 물방울의 양은 화재상황에 따라 다르다. 화세의 크기, 구획실의 크
기와 체적 그리고 연소가스의 양과 온도 등에 따라서 어느 정도의 냉각이 필요
한지를 판단하고 방수시간과 빈도, 방수범위를 조정해야 한다.

기상냉각, 즉 구획공간의 냉각을 위해서는 구획실의 화재상황에 따라 주수

방법을 달리 선택해야 할 필요가 있다. 소량의 물을 사용하여 최대한의 냉각효과를 얻을 수 있도록 효과적인 방수가 요구되며, 무절제한 주수는 피해야 한다. 효과적인 표면냉각이나 기상냉각을 위한 주수기법은 실화재훈련인 CFBT를 통해 습득할 수 있다.

5.5.3. 목적에 따른 주수기법(Nozzle Technique)

앞서 관창의 종류와 주수형태에 따른 솔리드(봉상), 직사, 분무 등의 주수패턴을 살펴보았다. 이번에는 관창수의 조작에 따른 주수기법을 살펴보도록 하자. 먼저, 주수는 기상을 냉각할 것인지 아니면 표면을 냉각할 것인지에 따라 적절한 기법을 선택해야 한다. 특히 구획화재의 경우 직접/간접의 이분법적인 진압이 아니라 공간을 3차원적으로 활용하는 주수기법이 필요하다.

펜슬링과 페인팅은 표면냉각에, 펄스는 기상냉각에 유효한 기법이지만 표면냉각과 기상냉각을 완전히 구별하여 달리 시행해야 하는 것은 아니다. 어떤 주수기법이라도 상황에 따라 표면냉각에 사용할 수 도 있고 기상냉각을 목적으로 할수도 있다. 다만, 상황에 따라 어떤 기법이 더 효과적인지 판단하에 시행하여야한다. 그렇지 않은 무분별한 주수는 오히려 역효과만 발생할 수 있기 때문이다.

5.5.3.1. 펄스(Pulse)

 그림 5-15 쇼트 펄스

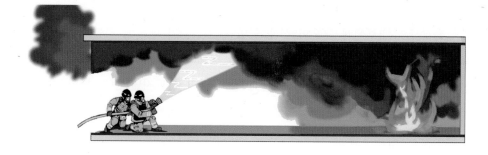

펄스(Pulse)는 맥박 또는 심장박동에 따라 발생하는 파동을 의미한다. 짧은 순간에 강하게 흐르는 전류나 신호도 펄스라고 한다. 주수기법을 논할 때 펄스(Pulse) 또는 펄싱(Pulsing)은 심장박동처럼 짧게 끊어 주수하는 것으로 실내 열 균형을 교란시키지 않고 상부의 열성층을 냉각하는 기법이다.

1) 쇼트 펄스(Short Pulse)

펄스 중에 가장 근거리에서 가장 짧게 주수하는 쇼트 펄스는 열성층의 미 연소가스가 자연발화온도(Auto Ignition Temperature)에 도달하는 것을 막기 위한 기상냉각의 대표적인 기법이다. 쇼트 펄스는 주수하는 대원의 상부 또는 그 주변에 고온의 가스를 냉각 또는 희석하기 위해서 사용한다.

※ 쇼트 펄스 요령

- 노즐은 스프레이 또는 분무 스트림에 맞춘다(방수각 45° 내외).
  - ☞ 쇼트 펄스 방수각은 대상물의 거리, 높이, 실의 크기에 따라 달라질 수 있으므로 단일한 기준을 제시하기는 어렵다. 미국 소방전술 교재 *Essentials 5th edition* 14장 Water Stream편을 보면, 쇼트 펄스를 위한 분무각도를 40~60°로 설명하고 있으며, 일본의 소방전술은 30~60°를 제시하기도 한다.
- 노즐 개방은 빠르게 하고, 폐쇄는 천천히 닫는다(워터해머 주의).
- 주수 시간은 1초 내외로 짧게 한다. 주수 시간이 길어지면 고온표면에 닿은 물이 증발하여 과도한 수증기가 형성될 수 있다.
- 주수 방향은 상방 45° 이상으로 고온 가스층을 향하도록 한다.

화재실은 내부에서 고온의 화재가 발생하고 있기 때문에 진입과 인명검색 등의 내부 소화활동을 위해서는 기상냉각이 필요하다. 기상냉각의 빈도 및 지속 시간은 화세의 크기와 고온의 연소가스 양에 따라 다르지만 주택 등의 소규모 구획실인 경우 기상냉각은 쇼트 펄스로 충분히 가능하다.

※ 주수 시간 비교

물이 수증기로 변할 때 최소 1,700배 이상 팽창한다. 만약 실내 온도가 300℃인 구획실(가로 6m×세로 3m×높이 3m)에 분당 600리터로 방수한다고 했을 때 1분간 방수와 1초간 짧게 끊는 쇼트펄스는 어떤 차이가 있을까?

〈조건〉 구획실 체적＝54m³(6×3×3), 방수량＝600LPM

　　　　300℃일 때 물의 팽창비 2.6 m³/L

• 1 분간 실내 방수 시

　600L×2.6 m³/L＝1,560m³(구획실 체적의 약 28배)

　☞ 실내 고온가스층 교란

　☞ 체적팽창된 수증기에 의한 대원 위험 증가

　☞ 반드시 배연구 먼저 확보 필요

• 쇼트펄스 1초 방수 시

　분당 방수량을 초단위로 환산하면 600LPM/60초＝10L/s

　10L/s×2.6m³/L＝26m³(구획실 체적의 약 0.5배)

　☞ 실내 고온 가스층 교란 없이 냉각 가능

　☞ 배연구 확보하기 전, 구획실 고온가스(기상) 냉각 필요

2) 미디엄 & 롱 펄스(Medium & Long Pulse)

　쇼트 펄스와 같이 기상냉각을 목적으로 하지만 미디엄과 롱 펄스는 화세가 강하고 구획공간이 넓고 큰 경우에 유용한 기법이다. 또한 쇼트 펄스보다 노즐유량을 증가시켜 물방울의 크기를 크게 함으로써 보다 넓은 영역을 방호할 수도 있다. 주수시간의 차이를 두어 2초 내외로 주수하는 미디엄 펄스와 5초 내외로 주수하는 롱 펄스로 구분하지만, 보통은 둘 다 롱펄스로 구분하고 있다.

그림 5-16 롱 펄스

※ 롱 펄스 요령
- 노즐은 스프레이 스트림에 맞춘다(방수각도 45° 이내).
  ☞ 방수각은 대상물의 거리, 높이, 구획실의 크기에 따라 조정한다.
- 노즐을 빠르게 열고 몇 초간 방사 후 천천히 닫는다(반동에 주의).
- 연소가스나 대상물에 따라 방수각도나 방수시간을 조정한다.

롱 펄스의 가스냉각은 다양한 화재에 사용할 수 있다. 실내에서 복도로 화염이 분출되는 경우, 비교적 먼 거리에서 롱 펄스로 기상을 냉각시킬 수 있고 상가건물과 같이 복도나 천장이 높은 대규모 공간의 화재는 롱 펄스를 활용하면 건물 내에 일시적이지만 안전한 환경을 만들 수도 있다.

효과적인 기상냉각을 위해 화재의 크기, 연소가스의 양과 온도, 공간의 넓이나 높이, 대상물까지의 거리 등의 상황을 고려하여 펄스 주수의 종류, 빈도와 지속시간을 결정하고 조정하는 것이 좋다.

3) 펄스(Pulse) 기법의 냉각효과

쇼트 펄스의 냉각효과를 위해서는 분출되는 물방울 크기는 대략 $300\mu m$ (0.3mm) 정도가 되어야 한다. Paul Grimwood는 Tactical Firefighting에서 구획화재의 기상냉각을 위한 가장 이상적인 물입자의 크기는 $200\sim400\mu m$(0.2~0.4mm)

그림 5-17 쇼트 펄스

라고 하였다.[9] 이는 헤드로부터 방출되는 물입자의 99%가 400㎛ 이하일 것을 규정하고 있는 국내 미분무소화설비의 화재안전기준(NFSC 104A)에서 그 이유를 유추할 수 있다.

화재진압이 목적인 스프링클러헤드의 경우, 특히 속동형 헤드나 라지드롭 (Large drop) 헤드는 화세가 강한 화재에 화염침투를 쉽게 하려고 물입자의 크기를 키워야 하지만, 화재진압보다는 주위 기상냉각과 폭발방지 등 **화재제어**가 목적인 미분부설비는 물입자의 크기를 줄여(표면적은 증가) 증발을 통한 냉각과 희석을 용이하게 한다. 이는 기상냉각이 목적인 펄스 기법도 마찬가지다.

물방울 크기 300㎛를 현장에서 확인할 방법은 없다. 다만, 주수한 물이 천천히 낙하하면서 5~6초 안에 증발해 사라지는 정도로 가늠할 수는 있다. 만약, 물방울이 바닥에 떨어진다면 물 입자의 크기는 그보다 큰 것이다.

기상냉각은 미스트 상태로 주수되는 물방울이 공간의 열을 냉각시키고, 그로 인해 열을 빼앗긴 가스와 연기는 부피가 수축하게 된다. 이를 위해서는 유량조절이 가능한 가변유량 피스톨 관창을 이용하되, 노즐의 유량을 최소화하여 분사압력을 최대화하면 좀 더 미세한 입자의 펄스주수가 가능하다.

다시 말해, 펄스 기법은 공간의 가스냉각이 목적이므로 직접적인 연소물의 소화에는 효과가 없다. 또한, 효과적인 물입자의 크기를 얻기 위해 주수시간을

---

9) Tactical Firefighting-A Comprehinsive Guide to Compartment Firefighting & Live Fire Training, p.106.

짧게 하므로 공간용적이 큰 건물에도 효과가 없다. 이때는 상황에 맞는 주수방법의 선택이 필요할 것이다.

5.5.3.2. 펜슬링(Penciling)

펜슬링(Penciling)은 연필(Pencil)이나 붓으로 글을 쓰거나 그림을 그리는 동작 또는 작업을 뜻한다. 이와 같은 방법으로 연소물을 적시며 표면온도를 낮추는 주수기법을 펜슬링이라 한다. 상황에 따라 적절한 유량으로 방수를 해야 하며, 1회의 주수는 열성층 등 실내 환경을 크게 변화시키지 않을 만큼의 제한된 유량으로 실시한다. 가연물의 표면온도를 낮추는 것이 목적이지, 가연물을 주수로 파괴하거나 비산시키는 것은 아니기 때문이다.

※ 펜슬링 요령

- 노즐은 직사주수(Straight Stream)에 맞춘다.
- 대상물이 가까운 경우, 노즐을 천천히 열고 닫아 물줄기를 던지듯이 주수한다.
- 대상물이 먼 경우, 물줄기가 연소물까지 닿도록 거리를 조정한다.
- 한 번의 주수로 소화하는 것이 아니라, 수회에 걸쳐 연소물의 표면온도를 낮춘다.

그림 5-18 펜슬링 주수 기법

펜슬링은 주수된 물이 연소물의 표면을 흐르게 함으로써 냉각효과를 이용한다. 냉각될 때 수증기가 발생하지만, 주수량을 조절하여 열성층을 파괴하지 않으므로 진입한 대원이 가열된 수증기나 되살아나는 열기로 인해 화상을 입을 가능성은 낮다.

5.5.3.3. 페인팅(Painting)

페인팅(Painting)은 큰 붓으로 페인트를 칠하는 동작을 생각하면 이해하기 쉽다. 실내의 불기운이 강하고 천장과 벽체까지 광범위하게 연소하고 있는 경우, 펜슬링으로는 소화효과를 얻을 수 없다. 이때는 페인팅 기법의 연속적인 주수로 불을 꺼야 한다.

※ 페인팅 요령

- 노즐은 상황에 따라 스트레이트~스프레이 스트림에 맞춘다.
- 주수 시에는 노즐을 천천히 열어, 힘차게 방수하지 않도록 한다.
- 페인트칠을 하듯 벽면을 따라가며 방수하여 표면을 냉각한다.

페인팅은 벽, 기둥과 같은 구조체의 표면냉각과 공간의 기상냉각을 함께 실시하는 기법이지만, 과잉주수가 되면 열성층을 흐트러뜨리고 수손으로도 연결된다. 상황에 따라 펜슬링과 구분하여 효과적인 주수를 하여야 한다. 아직 연

그림 5-19 페인팅 주수 기법

소되지 않은 구획의 내벽에 미리 페인팅으로 주수해 두면 구획에 흘러드는 연소가스를 냉각시켜 연소를 억제하는 효과로도 사용할 수 있다.

5.5.4. 3D 주수기법

과거 소화 위주의 주수는 목표물인 연소물에 직접 방수하는 2차원적인 방법이었다면, 3D 주수는 가연물은 물론 실내에 충만해 있는 고온의 기상공간도 포함하는 3차원적인 기법으로, 몇 년 전부터 소방학교 전술교재에 수록되면서 국내에 소개되기 시작한 기법이다.

3D 주수는 가연물의 표면에 직접 주수하는 **표면냉각**과 뜨거운 가스층 공간을 냉각시키는 **기상냉각**을 포함하는 3차원적인 개념으로 펄스(또는 펄싱), 펜슬링, 페인팅 기법을 활용한다.

펜슬링(Penciling)은 화점에 직접 방사해 연소물의 표면을 냉각하고, 페인팅(Painting)은 벽면과 천장의 표면냉각과 기상냉각을 함께 시행하고, 펄싱(Pulsing)은 고온층의 가스와 연기를 냉각시키는 기상냉각에 해당한다고 할 수 있다.

펄싱(pulsing) 기법은 방수각을 45°정도로 하고 1~2초 내외로 짧게 끊어 주수하여 기상냉각을 목적으로 사용하는데, 중요한 것은 수증기 발생이 아니라 고온영역의 기상냉각이 목적이라는 점이다. 2초를 넘기거나 끊지 않고 이어서 주수하면 냉각 이상으로 수증기가 과다하게 발생하여 시야를 가리거나, 심하면 실내 열균형을 파괴하여 수증기화상을 입힐 수 있으므로 주의해야 한다. 또한, 물입자의 크기도 중요한데 교재마다 차이는 있지만 보통 0.3~0.5mm의 크기를 권장하고 있다. 그러나 소방서에는 이 정도 크기의 물입자를 주수할 수 있는 관창은 쉽게 찾아보기 힘들다. 미분무헤드에서 방사되는 물입자의 크기가 0.4mm라는 것을 감안하면, 고압으로 방사하거나 구경을 아주 작게 해야만 가능한 크기다. 펄스 효과를 얻기 위해서는 분무각도와 유량조절이 함께 가능한 가변노즐을 사용하되, 분무각도는 45~60° 정도로 하고, 유량을 최소한으로 설정하여 노즐에서 7bar(0.7Mpa)의 압력으로 방사되도록 펌프의 압력을 조정하면 어느 정도의 효과는 거둘 수 있을 것으로 보인다. 그러나 최적의 효과를 내기 위해서는 최근 국내 개발된 하이브리드 관창을 이용하여 미분무 기능을 사용하여야 할 것이다.

5.5.5. 반동력(Nozzle Reaction)

소방대가 화재진압을 위해 사용하는 관창의 방수압력은 현장 여건과 대상물의 특성에 따라 다양하게 적용한다. 그러나 옥내소화전 설비는 노즐 선단의 방수압력이 0.7Mpa 이하가 되도록 제한하고 있다. 0.7Mpa 이상이면 방수압에 따른 반동력이 크게 작용하므로 화재초기 주민이 사용하기엔 부상이나 활동장애가 발생할 수 있기 때문이다. 여기서 반동력은 20kg를 상한으로 한다.

소방청에서 제작한 「옥내소화전설비의 화재안전기준 해설서 2013년판」에서 다음과 같이 반동력 계산식을 소개하고 있다.

$$반동력\ R\ [kg] = 0.0157 \times d^2 \times 10P$$

여기서, R: 노즐 반동력 [kg], d: 노즐구경 [mm], P: 노즐압력 [MPa]

※ 노즐 구경이 클수록, 압력이 클수록 반동력은 증가한다.

옥내소화전은 구경 13mm의 개방노즐을 사용하므로 반동력을 20kg으로 대입하면 노즐선단의 압력은 약 0.7Mpa(7bar)가 된다.

위 계산식에서 반동력 20kg, 구경 13mm를 대입하여 P를 구하면

$$20 = 0.0157 \times 13^2 \times 10P$$

$$P = 20/(0.0157 \times 13^2 \times 10)$$

$$= 0.753 ≒ 0.7Mpa$$

그럼, 노즐구경을 옥외소화전의 19mm로 설정하고 노즐선단 방사압을 0.7Mpa로 하면 반동력은 얼마일까? 계산하면 38kg에 이른다. 대원 혼자 조작하기

가 쉽지 않은 힘이다. 그래서 미국에서 많이 사용하는 솔리드(Solid) 스트림은 노즐압력을 50psi(0.35Mpa)에서 운영하고 있다. 이 압력으로 계산하면 반동력은 18.95Kg으로 20kg을 넘지 않는다(다음 풀이 참조).

노즐압력 0.7Mpa(약 100psi)일 때
  반동력 R=0.0157×192×10×0.7 ≒38kg

노즐압력 0.35Mpa(약 50psi)일 때
  반동력 R=0.0157×192×10×0.35≒18.9kg

그런데 위에서 계산한 방법은 고정된 구경의 개방형 관창 팁을 사용하는 Solid Stream(봉상주수) 노즐에 적합한 방식이다. 우리나라에서 많이 사용하는 분무관창과 피스톨 관창은 노즐의 개구율을 조절해 다양한 주수패턴을 구현하므로 노즐의 구경을 적용하는 위의 방식으로 반동력을 구하는 것은 불가능하다.

미국 IFSTA(International Fire Service Training Association)는 개방형 관창과 분무관창을 구분해 반동력 계산식을 달리 제시하고 있다. 여기서 분무관창의 경우는 노즐의 구경이 아닌 유량을 대입해 아래와 같이 반동력을 계산한다.

반동력 R [N]=0.0156×Q×$\sqrt{P}$
  여기서, R: 노즐 반동력 [N], Q: 유량 [LPM], P: 노즐압력 [kPa]

※ 힘의 단위 N(뉴톤): 1 [N]=0.102 [kgf]
  1뉴톤은 질량 102g 물체를 들었을 때 느끼는 힘의 크기

봉상(Solid) 주수와 달리 분무관창으로 주수하는 직사(Straight) 주수는 위의 방법으로 반동력을 계산해야 한다. 계산해보면, 분무관창의 직사(Straight) 주수가 개방형 관창의 봉상(Solid) 주수보다는 반동력이 더 작다. 그래서 미국은 분무관창과 개방형 관창의 사용압력을 달리 적용하고 있는 것이다. 반동력이 작은

분무관창은 100psi(0.7 Mpa)의 압력을 적용하지만 반동력이 큰 개방형 관창은 그 절반에 해당하는 50psi(0.35 Mpa)의 노즐압력을 사용한다.

5.6. 소화전술의 역사를 바꾼 레이만(Layman) 전술

우리는 레이만이 누군지 이미 잘 알고 있다. 방호전술 교재에 등장하는 레만전법의 주인공이다. 분무주수를 논할 때 꼭 등장하는 간접공격법, 그러나 여기엔 우리가 알지 못했던 오해와 진실이 숨어있어 소개하고자 한다.

5.6.1. 분무의 아버지(The Father of Fog)

분무주수를 활용한 간접공격법, 일명 레만 전법의 창시자로 우리에게도 잘 알려진 **로이드 레이만**(Lloyd Layman)은 미국에서 분무의 아버지 (The Father of Fog)로 불리는 퇴직 소방관이다. 미국 해안경비대(Coast Guard)와 웨스트버지니아 州 경찰서를 거친 후 20년 동안 퍼커스버그 소방서장을 역임하였다.

 그림 5-20 로이드 레이만

출처: https://onlyminutesaway.com

그는 1950년 테네시州 멤피스에서 열린 FDIC[10]에서 「Little Drops of Water」라는 논문을 발표하고, 물분무의 열 흡수 특성을 이용해 건물화재를 진압하는 "**간접공격방법**"을 처음 소개하였다. 당시에는 대량방수를 통해 연소물을

---

10) Fire Department Instructors Conference 미국 인디애나폴리스에 매년 열리는 국제소방박람회. 소방교육·훈련의 기회제공과 장비전시가 이루어진다.

직접 소화하는 방법이 주류였기에, 물분무가 기화할 때의 팽창과 열흡수를 이용한 소화방법은 충격을 주었고 큰 주목을 받게 된다. 그 이후 수많은 교수와 학자들의 연구와 검증이 뒤따랐다. 특히, 키스 로이어와 플로이드 W. 넬슨의 연구는 소방당국에 옥내화재의 거동과 물의 소화메커니즘에 대한 수준 높은 이해를 제공할 수 있었고 그들의 도움으로 소방은 콤비네이션 공격(Combination Method Attack)을 도입하게 된다.

그리고 1980년대에 이르러 스웨덴의 연구자들은 효과적인 물분무 입자의 크기는 직경 300㎛(0.3mm)라는 것을 밝혀냈다. 이러한 연구는 스프링클러 헤드나 분무헤드의 개발에 큰 영향을 주었다. 하지만, 무엇보다도 레이만의 분무주수 개발은 오늘날 3D 주수기법의 모태가 되었다는 점에서 의미가 크다고 하겠다.

5.6.2. 간접공격법의 오해와 진실

레이만이 간접공격법을 주장했던 때는 1950년대였다. 그 당시의 소방은 너무나 열악한 환경에 처해 있었다. 지금과 같은 내열성이 뛰어난 직물이 개발되지도 않았고, 소방관은 방화복이 아닌 방수복을 착용하고 활동하였다. 그리고 공기호흡기도 보급되지 않았던 시절이었다. 당연히 옥내 진입보다는 옥외에서 내부를 향해 봉상주수(Solid Stream)를 이용하는 진압법이 주류가 될 수밖에 없는 환경이었다. 즉 레이만의 간접공격법은 실내에서 이루어지는 공격이 아니라 옥외에서 이루어지는 전술로 개발된 것이다. 다만, 봉상주수 대신 분무주수(Fog Stream)를 활용해 수증기의 팽창으로 연기를 희석시키고 증발잠열을 이용해 고온층을 냉각시킨다는 것이 기존의 방법과 달랐던 것이다. 실제로 레이만은 가열된 연기와 수증기로부터 안전한 위치에 노즐을 고정해놓고 구획실을 향해 원격으로 주수해야(remote injection of the water fog)[11] 한다고 강조하였다.

이후 직접공격과 간접공격을 조합한 콤비네이션 공격법이 도입되었지만, 이 또한 실내 공격보다는 외부에서 분무를 주입해 기상과 표면을 함께 냉각시

---

11) Little Drops of Water: 50 years Later, Part 1. p.2.

키는 것이었다. 노즐을 시계방향으로 돌려(O형 주수) 벽과 천장 등의 표면을 냉각함과 동시에 실내 공간의 뜨거운 가스를 냉각시키는 방법으로, 과잉 주수를 피하고 열균형을 파괴하지 않는 것이 중요한 공격법이었다.

그러나 이러한 간접공격법과 콤비네이션 공격법은 소방에 도입되면서 본래의 의도와는 다른 쪽으로 적용되기 시작했다. 기술의 발달로 방화성능을 갖춘 방화복이 개발되고 소방서에 공기호흡기가 보급되면서 옥내진입과 내부공격이 유행처럼 번지기 시작한 것이다. 그리고 소방당국이 내부 간접공격이라고 부르기 시작하면서 레이만의 간접공격은 '내부 간접공격법'으로 인식되기 시작했고 오늘날 우리나라에서도 그렇게 배우고 있다.

그러나 내부 간접공격법은 2000년대에 이르러 문제가 드러나기 시작했다. 90년대 후반 플라스틱이 인간의 생활에 깊숙이 들어오면서 화재양상이 소방대원에게 열악한 환경으로 바뀌게 된 것이다. 과거의 주택화재는 플래시오버가 발생하려면 30분 정도 걸렸지만, 합성물질로 가득한 현대주택은 5분 이내로 단축되었고, 검은 연기로 시야 확보도 어려워 옥내에 진입한 대원이 증기화상을 입거나 퇴출을 못해 사고를 당하는 사고가 급증하게 된 것이다(3.7. 현대 건축물의 구획화재 참조). 그 여파로 분무 대신 직사주수로 직접 화재실체를 공격하는 직접공격으로 회귀하는 소방대원이 늘면서 간접공격과 직접공격에 대한 찬반 논쟁은 지금까지도 이어지고 있다.

최근 우리나라에서 유행하고 있는 3D 주수기법은 공간과 표면을 함께 냉각시키는 3차원적인 주수기법이라는 점에서 콤비네이션 공격과 유사하다. 그러나 3D 주수기법은 공격만을 위한 것이 아니라는 점에 차이를 찾을 수 있을 것이다.

실화재훈련 CFBT 이론

06

벤틸레이션
(Ventilation)

벤틸레이션을 **배연** 또는 **환기**로 해석하지만, 실제로는 그 이상의 것을 의미한다. 열과 연기의 **배출**과 **배기**뿐만 아니라 신선한 공기를 공급하는 **급기**, 연기를 뽑아내는 **흡기**, 넓게는 인접 공간의 **가압**까지 포함하는 개념이다. 그래서 가능하면 "**벤틸레이션**" 용어를 그대로 사용하고 다만, 상황에 따라 배연, 급기 등으로 표현하는 것이 좋다.

벤틸레이션(Ventilation)

6.1. 온도와 기압

우리는 2장 화재역학 기초에서 기체의 온도와 부피의 비례관계를 살펴보았다. 따뜻한 공기는 부피가 팽창해 주위의 공기보다 가벼워지고 상승하는 반면, 차가운 공기는 수축하고 무거워지기 때문에 가라앉거나 바닥에 체류하게 된다. 만약 구획실 내에서 어떤 원인으로 연소가 발생한다면 그 부분의 공기는 데워져 상승기류가 발생하게 될 것이고, 그 자리를 채우기 위해 주위의 공기가 유입될 것이다.

6장에서는 구획화재 시 발생하는 기류의 이동을 살펴보고 이를 이용한 벤틸레이션의 종류와 그 기능에 대해 살펴보도록 하자.

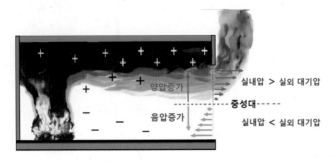
그림 6-1 중성대와 기류의 이동

　　구획실 내부에서 열성층의 형성에 따라 온도에 따른 상하층 분리가 일어나듯이 개구부에도 실내와 외부의 압력 차이에 의한 상하층 분리가 발생한다. 온도상승에 의한 공기의 팽창과 연기의 부력에 의해 화재실 상부는 양압(+)이 조성되고, 실외와 16Pa 정도의 차압이 형성된다고 한다. 이때 개구부가 있으면 연기와 화재가스는 자연스럽게 기압이 낮은 외부로 배출될 것이다.

　　반면, 화재실의 하부는 상대적으로 음압(-)이 되고 개구부를 통해 외부의 공기가 실내로 들어오게 되는데 이것을 그림으로 표현하면 [그림 6-1]과 같다. 실내 압력이 높은 상부공간은 압력이 낮은 외부로 배출되는 기류가 생기고, 실내 압력이 낮은 하부공간은 외부에서 내부로 유입되는 기류가 발생한다. 여기서 개구부의 상단에서 하단으로 내려올수록 양압의 크기는 점점 줄어들 것이고 마찬가지로 개구부 하단에서 위로 올라갈수록 음압의 크기도 줄어들어 어느 지점에 도달하면 실내외의 압력차이가 0이 되는데 바로 이 지점을 **중성대** 또는 **중성면**(Neutral Plane)이라고 한다. 건축법에서 배연창을 천장으로부터 0.9m 이내에 높이 설치하는 이유는 배연창을 중성대 상부에 설치하여 연기배출을 용이하게 하려는 의도가 숨어 있는 것이다.

6.3. 플로우 패스(Flow Path)

구획화재에서 창이나 문 등의 개구부 또는 기타 누출지점을 통해 화염, 연기 또는 공기가 흘러서 이동하는 경로(Path)나 루트(Route)를 **플로우 패스**(Flow Path) 또는 **에어트랙**(Air Track)으로 표현한다. 우리말로 옮기면 기류의 이동경로라고 할 수 있다. 기체는 기압이 높은 쪽에서 낮은 쪽으로, 온도가 높은 쪽에서 낮은 쪽으로 이동하기 때문에 구획화재에서 플로우 패스는 항상 발생한다. 특히, 창문 등의 개구부가 파손 또는 개방되면 그 경로의 형성이 두드러지는데 무계획적인 개구부 설정이나 방수 등으로 인해 플로우 패스가 복잡해지기도 한다. 그 결과 실내에 진입한 대원이나 요구조자를 위험에 빠뜨리거나 화재를 확대시키는 요인이 되기도 한다. 플로우 패스는 그 양상에 따라 일방향(단방향)과 양방향으로 구분할 수 있다.

6.3.1. 일방향 플로우 패스(Uni-Directional Flow Path)

일방향 플로우 패스는 그림과 같이 개구부 전체 영역에 걸쳐 동일 방향으로 움직이는 화염, 연기 또는 공기의 흐름이다. 일방향 기류는 한쪽에는 유입구가, 반대쪽에는 배출구가 위치하는 동일선상에 경로가 형성된다. 만약 창문

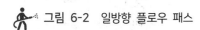 그림 6-2 일방향 플로우 패스

에서 배출되는 연기가 그 창문의 전체 영역을 차지하고 있다면 어디엔가 유입구 역할을 하고 있을 또 다른 개구부가 존재할 가능성이 높다. 일방향 플로우 패스가 형성되어 있을 경우 절대로 배출구 쪽에서 작업하지 않도록 주의해야 한다.

6.3.2. 양방향 플로우 패스(Bi-Directional Flow Path)

하나의 개구부에 반대방향의 급기와 배연이 동시에 발생하는 기류의 이동 경로를 말한다. 보통 개구부에 형성되는 중성대를 기준으로 상부는 연기나 화염이 외부로 배출되고 하부에서는 공기가 유입 되므로 이를 통해 개구부에서 중성대의 높이를 확인할 수 있다.

플로우 패스와 벤틸레이션은 상당히 밀접한 관계가 있으며 상호 유사한 개념이다. 왜냐하면 벤틸에이션은 건물 내 공기이동의 조건들을 변화시키거나 제어함으로써 플로우 패스를 콘트롤하는 것을 목적으로 하기 때문이다.

그림 6-3　양방향 플로우 패스

6.3.3. 플로우 패스 콘트롤(Flow Path Control)

수평 또는 수직방향으로 개구부를 설정하여 계획적으로 기체의 동선을 제어하는 것을 **플로우 패스 콘트롤**(Flow Path Control)이라고 한다. 개구부의 개방과 폐쇄뿐만 아니라 구획을 격리함으로써 기류를 발생시키지 않는 것도 포함하며, 7장에 소개될 **도어 콘트롤**(Door Control)도 플로우 패스를 제어하는 방법 중 하나가 된다.

기체의 이동경로를 제어할 수 있다면, 온도나 기압의 차이에 의한 자연적인 기류에 있어서도 계획적인 벤틸레이션이 가능하다. 그러나 계획 없는 무분별한 개구부의 설정이나 방수는 여러 개의 플로우 패스를 형성하고 복잡한 기류를 발생시켜 콘트롤을 어렵게 한다. 이 경우 예기치 못한 방향으로 연소를 확대시킬 수 있으므로 불필요한 기류를 형성하지 않는 것이 무엇보다 중요하다.

그림 6-4   플로우 패스 콘트롤

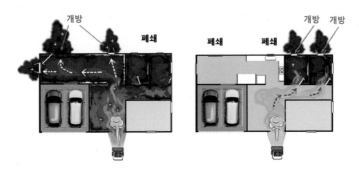

6.4. 벤틸레이션(Ventilation)

구획화재는 실내의 다양한 가연물로 인해 발열량과 독성가스가 증가하고 그만큼 위험성도 높다. 안전하고 효율적인 화재활동을 위해 조기에 적절한 벤틸레이션(Ventilation)이 필요하다.

벤틸레이션을 **배연** 또는 **환기**로 풀이하기도 하지만, 실제로는 그 이상의 것을 의미한다. 열과 연기의 배출과 배기뿐만 아니라 신선한 공기를 공급하는 **급기** 그리고 연기를 뽑아내는 **흡기**까지 다양한 작업을 통해 건물 내 공기이동의 조건들을 계획적으로 변화시키거나 제어하는 절차를 일컫는 용어이기 때문이다. 넓게는 인접 공간의 가압까지도 포함한다. 그래서 가능하면 "벤틸레이션"용어를 그대로 사용하되 필요에 따라 배연, 급기 등의 용어로 바꿔서 표현하였다.

6.4.1. 벤틸레이션의 장점

벤틸레이션을 올바르게 실시하면 효율적이고 안전한 소화활동이 가능하다. 벤틸레이션은 다음과 같은 장점이 있다.

6.4.1.1. 실내의 시야 개선

화재진압과 인명구조 활동은 벤틸레이션과 면밀히 연계를 취하면서 이루어져야 한다. 적절한 위치에 개구부를 설정하고 건물 내 연소가스의 흐름을 유도하면 시야불량을 개선하여 소방대원이 화점의 위치를 보다 빠르게 파악하고 화재를 진압할 수 있다.

6.4.1.2. 고온의 가스 배출을 통한 위험성 감소

연기와 가스는 부력으로 상승하여 천장 바로 아래에 축적되면서 두터운 층을 형성하고 수평으로 확산되어 가지만 벽 등의 장애물에 막혀 다시 아래로 내

 그림 6-5 머쉬룸 현상

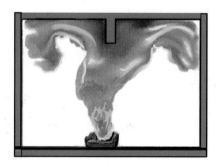

려오면서 점점 화재실 전역으로 퍼지게 된다. 이 현상을 **머쉬룸**(Mushroom) **현상**이라고 한다. 적절한 벤틸레이션은 머쉬룸 현상을 줄일 수 있고, 고온의 열기와 연기를 조기에 배출시켜 연소속도를 억제할 수 있다. 요구조자나 진입하는 구조대원 모두 안전성이 향상되는 것이다.

6.4.1.3. 플래시오버, 백드래프트 발생 가능성 감소

벤틸레이션(Ventilation)은 소화주수와 조화를 이룰 때 효과가 크다. 벤틸레이션을 통해 실내 전체가 발화온도에 도달하기 전에 열을 제거할 수 있으므로 플래시오버나 백드래프트 발생도 예방할 수 있다. 그러나 벤틸레이션 이후에 신속한 소화가 이루어지지 않으면 신선한 공기가 계속 공급되어 화재의 발달을 키울 가능성이 있다. 대원의 방수 준비가 갖추어지기 전에 벤틸레이션을 단독으로 시행하는 것은 좋은 방법이 아니다.

6.4.1.4. 재산 보호

적절한 벤틸레이션은 연소가스를 유도하여 배출하므로 연소방지는 물론 건물과 수용물에 대한 열의 영향이나, 연기 등으로 인한 오손, 나아가 방수로 인한 수손을 줄여 재산보호에 기여한다.

6.4.2. 벤틸레이션 수행 시 주의사항

벤틸레이션을 적절하게 시행한다면 아주 큰 효과를 기대할 수 있지만, 잘못된 결정이나 방법은 화재를 확산시키는 요인이 되고 대원들을 위험에 빠뜨릴 수 있어 주의를 요한다.

6.4.2.1. 대원 간의 소통 확보

인위적인 벤틸레이션은 대원의 사전지식과 대원 또는 팀 간의 소통이 중요하다. 벤틸레이션에 대한 사전지식은 화재활동 중 불필요한 개구부의 개방이나 파괴를 방지하고 올바른 장소에 개구부를 만들어 효과적인 벤틸레이션을 가능하게 한다.

급기와 배기를 동시에 시행할 때는 특히 대원 간의 원활한 소통이 중요하다. 벤틸레이션 임무를 부여받은 대원 또는 팀은 급기측과 배기측을 명확하게 구분하고 배기측 팀 또는 대원이 준비되었음을 확인한 후 배기측에서 급기측 순으로 개구부를 설정해야 한다. 화염이나 고온의 연기가 배출되는 배기측은 연소확대 우려가 있으니 반드시 연소방지를 위한 경계관창을 먼저 배치하여야 하며, 배기측의 준비상태를 확인하고 급기측의 개구부를 개방하는 것은 상호 간의 원활한 소통을 전제로 이루어져야 한다.

6.4.2.2. 벤틸레이션 효과 확인

건물 밖에서는 내부가 보이지 않아 내부 상황의 확인이 거의 불가능하고 위험 여부의 판단도 어렵다. 은폐된 공간에 축적된 연소가스의 영향으로 화재성상이 급격하게 변하거나, 실내 가연물 배치 등의 장애로 인해 벤틸레이션이 기대만큼 효과를 얻을 수 없는 경우도 발생한다. 벤틸레이션의 성공은 환경에 좌우되는 경우가 많으므로 벤틸레이션의 방법이 올바르다고 해서 모두 벤틸레이션 효과를 얻을 수 있는 것은 아니다. 그러므로 벤틸레이션을 시작한 후에는 수시로 그 효과를 확인하고, 효과를 얻을 수 없는 경우이거나 상황을 더욱 악화시킬 수 있다고 판단되면 즉시 벤틸레이션을 중지하고 방법을 변경하거나 그 이유를 찾아내 대처할 필요가 있다.

6.4.2.3. 바람의 영향 확인

벤틸레이션을 실시할 때는 풍향과 풍속에 주의하여야 한다. 바람의 영향이 있을 때는 기본적으로는 풍상에서 풍하 방향의 벤틸레이션이 바람직하지만, 만약 풍하측에 배기구를 설정함으로써 건물 내 연소가 촉진되고 배기측에 인접한 건물로 화재가 확대될 우려가 있다면, 풍향을 거슬러 급기와 배기를 설정해야할 수도 있다.

또한, 송풍기를 사용해 강제적인 급기를 한다고 해서 항상 바람의 압력을 능가하는 대형 송풍기를 배치할 수 있는 것은 아니다. 대형 송풍기가 있더라도 풍압이 높으면 건물 내부는 양쪽에서 풍압을 받아 결과적으로 실내의 화염에 산소를 공급하게 되므로 연소를 확대하는 요인이 되기도 한다. 따라서 벤틸레이션을 실시할 때는 풍향과 풍속을 확인할 필요가 있다.

6.5. 개구부(Opening)

유량(Q)은 유체가 통과하는 단면적(A)에 비례하고, 유체의 속도(V)는 단면적(A)에 반비례한다. 배출되는 연기를 유체로 보면, 개구부의 면적에 따라 그 속도와 양이 달라진다는 것을 짐작할 수 있다. 개구부의 면적이 크면 유체의 속도는 느려지고 연기는 천천히 배출되지만, 면적이 작으면 속도는 빨라진다. 또한 개구부의 면적은 중성대의 형성에도 영향을 미친다. 급기측 개구부는 급기되는 하부의 영역이 크므로 중성대는 높아지고 반대로 배기측 개구부는 중성대가 낮아진다. 만약 배기측 개구부의 배출속도가 느리고 중성대가 높이 형성되어 있다면 연소가스의 배출이 원활하지 않다는 것을 나타내는 것이다. 이때는 화염이나 농연열기가 다른 장소에서 분출되고 있거나 내부 연소물의 연소효율이 증가될 것으로 예상할 수 있어야 한다.

이처럼 효과적인 벤틸레이션을 시행하기 위해서는 개구부의 크기에 관심을 가져야 한다. 일정량의 연소가스가 배출되기 위해서는 그에 상당하는 양의 공기가 유입되어야 한다. 만약 송풍기를 사용한다면 풍량이 증가되므로 그만큼 더 많은 양의 배출이 가능한 큰 면적의 배기구가 필요하게 된다. 그러나 벽이나 지붕에 강제로 개구부를 만드는 것은 그만큼의 시간을 소모하게 된다는 것을 명심해야 한다. 지붕에 구멍을 내어 개구부를 만들기보다는 문이나 창문 등 기존의 개구부를 사용하는 것이 더 효과적이고 안전한 방법이라고 할 수 있다. 새로운 개구부를 만드는 것은 건물구조 내에 숨어있는 화염에 접근하는 등 특수한 경우를 제외하면 지금은 잘 이용하지 않는 방법이다. 특히, 지붕에 개구부를 만드는 것은 추락방지를 위한 조치를 하느라 더 많은 시간을 소모하게 될 것이다.

6.5.1. 배기용 개구부(Outlet Opening)

배연구 또는 배기용 개구부는 연기의 부력을 최대한 활용할 수 있도록 온도가 가장 높은 장소에 설치하는 것이 좋다. 주로 높은 곳에 위치하는 창문이나 벤트를 배기구로 활용한다. 그리고 큰 개구부 하나보다는 작은 개구부 여러 개를 두는 것이 효과적인 경우가 많다.

배기구의 크기는 주로 연소가스의 양과 온도에 의해 결정된다. 만약 화재가 강하고 장시간 진행되고 있다면 고온의 연소가스를 효과적으로 배출하기 위해서는 더 큰 개구부가 필요하다. 보통의 건물화재에서 화재실의 시야 개선을 위한 청결층을 만들기 위해서는 $1 \sim 2 \text{m}^2$의 비교적 작은 개구부로도 충분하지만 공장이나 강당과 같은 큰 공간이거나, 열방출률이 수십 MW(메가와트)에 이르는 경우 $3 \sim 4 \text{m}^2$의 큰 개구부가 필요하게 된다.

그러나 화재의 규모나 연기층의 깊이에 비해 너무 큰 개구부를 만드는 것은 옳지 않다. 배연구가 너무 크면 급기구에서 들어온 신선한 공기가 연소가스와 함께 바로 배출될 수 있고 벤틸레이션 효과는 줄어든다. 또한 배기구를 통해 공기가 역 유입되는 결과도 발생할 수 있다. 벤틸레이션을 시행할 때는 배기구를 통해 배출된 연소가스가 급기구를 통해 다시 유입되는 것은 아닌지, 그리고 배출된 가스가 건물 밖의 대원이나 사람들에게 해를 끼치지 않는지 세심한 관찰이 필요하다.

6.5.2. 급기용 개구부(Inlet Opening)

급기용 개구부는 가능한 낮은 곳에 위치하는 것이 유리하고 급기구의 크기는 적어도 배기구의 크기 이상이 되어야 한다. 그리고 송풍기 사용 여부에 따라서 급기와 배기의 개구부 면적비를 달리하여야 한다. 자연환기의 경우 급기측에서 배기측으로 플로우 패스를 조성하기 위해서는 급기측을 정압(+), 배기측을 부압(−)으로 유지해야 하는데 이를 위해 급기구 면적을 배기구보다 최소 2배 정도 크게 하는 것이 좋다.

 그림 6-6 개구부 크기 비교

자연적 벤틸레이션

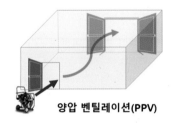

양압 벤틸레이션(PPV)

그러나 만약 송풍기를 활용한 양압벤틸레이션(PPV)을 시행한다면 자연환기와 반대로 배기구의 크기를 2배 이상 키워야 한다. 급기구는 작아도 송풍기가 강제로 공기를 불어 넣고 있으므로 급기측에는 더 큰 정압이 걸리게 되고 더 많은 풍량이 발생하기 때문이다. 배기측에서 그만큼 동일한 체적의 배출량을 유지하려면 급기구보다 배기구가 더 커야 하는 것이다. 만약 배기구 면적이 작을 경우, 원활한 배출을 기대할 수 없고 실내의 열기나 연기가 교반될 수 있다.

6.6.1. 수직 벤틸레이션(Vertical Ventilation)

수직 벤틸레이션 또는 수직 배연은 개구부를 화재보다 높은 곳에 설정하여 고온의 연소가스와 독성가스를 수직으로 대기 중에 배출하는 방법이다. 반면 급기구는 낮은 곳에 위치시켜야 한다. 급기구와 배기구 사이의 높이가 클수록 더 큰 부력효과를 이용할 수 있으므로 배연효과가 크기 때문이다. 수직 배연은 연소가스를 대류와 굴뚝효과에 의해 상부 개구부 쪽으로 유도하므로 시야가 개선되어 효과적인 소화활동을 가능하게 한다.

 그림 6-7 수직 벤틸레이션

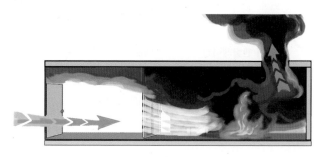

수직 배연은 지하실 화재에 적용할 경우 많은 문제가 발생할 수 있다. 지하의 경우 배출구뿐만 아니라 급기구 또한 화재보다 상부에 위치하기 때문이다. 또한 지하공간 화재는 급기구와 배기구가 동일한 개구부를 통해 형성되는 경우가 많고 대원의 진입 경로와 연소가스 배출 경로가 동일한 경우가 많아 대원의 위험노출이 큰 환경이라고 할 수 있다.

화재상황이나 지붕구조에 따라 수직 배연이 비현실적이거나 불가능한 상황도 많이 존재한다. 이 경우 상황에 따라 다른 방법을 선택해야 한다. 그동안 미국에서도 수직 배연의 활용을 권장해왔으나 다락 등의 상부공간에 화염과 열기가 쉽게 모일 수 있고 연소속도도 빨라지는 등, 위험성이 높고 안전사고도 많아 현재는 적극 권장하지는 않는다. 지붕이 열악한 목조건물이 많은 일본도 화재가 진행되고 있는 상황에서 수직 배연은 위험한 활동이라고 간주하여 권장하지 않는다고 한다. 다만, 불가피하게 지붕에 개구부를 설정할 때는 발판의 위험을 충분히 고려하고 추락방지 조치를 취한 후에 활동하도록 해야 한다.

6.6.2. 수평 벤틸레이션(Horizontal Ventilation)

수평 벤틸레이션 또는 **수평 배연**이란 출입문이나 창문 등 수평으로 놓인 개구부를 통해 연소가스나 연기를 배출하는 방법이다. 수평이동은 수직이동에 비해 부력의 효과가 감소해 배연효과도 떨어지지만 수직 배연이 불가능할 때 유용한 방법이다. 자연적인 플로우 패스를 활용하기 때문에, 수직 벤틸레이션과 함께 **자연 벤틸레이션**(Natural ventilation)이라고도 불린다. 수평 벤틸레이션이 적합한 상황은 다음과 같다.

- 연기 온도가 낮아 수직배연이 효과적이지 않은 경우
- 구조적 강도저하 등으로 수직배연 활용이 불가능한 경우
- 아직 화재가 최상층까지 도달하지 않은 경우
- 아직 화재가 다락이나 천장까지 도달하지 않은 경우

 그림 6-8   수평 벤틸레이션

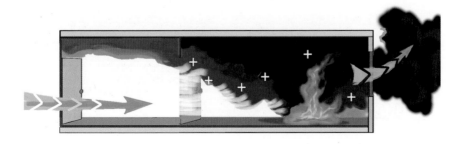

수평 벤틸레이션 또는 수평 배연은 바람의 방향, 구획실과 개구부의 크기 등을 고려하여 실시하여야 한다. 급기구를 배기구보다 2배 정도 크게 하고 풍향을 확인하여 풍상 쪽에 급기구를 설정하는 것이 자연적인 기류 흐름을 만들기가 용이하다.

수평 배연 절차를 결정할 때 바람은 아주 중요한 역할을 한다. 바람은 풍상과 풍하로 구분하는데 바람이 불어오는 방향 즉, 건물이 바람을 맞고 있는 측면을 풍상이라 부르고, 반대로 바람이 불어가는 방향을 풍하라고 한다. 무풍인 경우라도 온도 차이나 압력 차이로 플로우 패스가 형성되지만, 풍향을 이용할 수 있다면 자연 벤틸레이션(Natural Ventilation)의 효과를 극대화할 수 있다. 그러나 바람이 건물을 향해 불어 올 경우에는 화재에 산소를 공급하여 확대시킬 위험이 있으므로 실시하지 않는 것이 좋다.

건물 풍하측의 개구부를 개방하기 전에 풍상측의 문이나 창문을 먼저 열어 버리면 건물 내 기압이 높아져 열성층의 정상적인 열균형을 파괴할 수 있다. 또한, 실내로 진입하는 대원이 급기측 개구부를 막고 있으면 기류의 마찰로 작용하여 벤틸레이션 효율이 떨어질 수 있다. 급기와 배기를 설정해 벤틸레이션이 이루어지고 있는 중에 다른 대원이 무단으로 그 경로 사이에 자리를 잡거나, 또 다른 개구부를 만들거나 개방하는 것도 플로우 패스를 복잡하게 만들어 벤틸레이션 효율을 떨어트리게 한다.

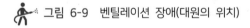 그림 6-9 벤틸레이션 장애(대원의 위치)

수평 배연은 연소가스나 화염을 바로 위로 배출할 수 없기 때문에 외부뿐만 아니라 내부의 연소물에도 주의하여야 하며, 연소가스 배출경로가 대피경로와 겹치지 않도록 해야 한다. 특히, 수평 배연은 건물의 최상부가 아닌 곳에 개구부를 설치하고 이용하므로 배출된 화염과 연소가스가 상승하여 건물의 더 높은 부분을 착화시켜 화재가 확대될 위험이 항상 존재한다. 분출하는 화염이 인접 건물의 처마에 착화하거나 상층부의 창문으로 침입해 들어가면서 연소할 수도 있다. 따라서 급기측과 배기측은 서로 소통하면서 방어할 필요가 있는 지점에 경계관창이 준비되기 전에는 개구부를 개방하지 않는 것이 좋다.

6.6.3. 기계적 벤틸레이션(Mechanical Ventilation)

기계적 벤틸레이션은 송풍기 등의 장비를 활용하여 연소가스를 대량으로 이동하거나 제거하는 방법이다. 자연환기의 효과가 충분히 발휘되지 않는 상황에서도 연소가스를 효과적으로 제거할 수 있으므로 적절히 사용하면 현장에서 가장 효과적인 방법이라 할 수 있다.

기계적 벤틸레이션은 음압과 양압을 조성해 배연에 활용하는 방법이다. 엄밀히 말해 가압은 직접적으로 연소가스를 건물 밖으로 배출하는 것이 아니므로 배연을 뜻하는 좁은 의미의 벤틸레이션은 아니다. 그러나 넓은 의미에서 열과 연기의 흐름에 영향을 주는 일련의 작업을 벤틸레이션으로 본다면, 가압은 인접 구역으로의 열과 연기의 흐름을 방지하기 위한 목적을 가지므로 가압을 통해 만들어지는 조건은 벤틸레이션과 유사하다고 할 수 있다.

송풍기를 사용하는 기계적 벤틸레이션은 제거되는 연기나 공급되는 공기의 양이 자연 벤틸레이션보다 많아진다. 따라서 이 방법을 시행할 때는 세심한 관찰과 지속적인 평가가 이루어져야 하며, 상황이 악화되는 증상이나 조건들이 발생하는 즉시 중지할 수 있어야 한다. 그러므로 송풍기 작동 시 반드시 전담대원을 지정하고 항상 송풍기 옆에 위치시켜 작업의 효과와 상황변화 등의 정보를 파악하는 데 노력하여야 한다.

6.6.3.1. 음압 벤틸레이션(NPV)

음압 벤틸레이션(Negative pressure ventilation, 줄여서 NPV)이란 개구부에 배풍기나 벨로즈 타입의 덕트호스를 설치하여 공기를 인공적으로 순환시키고 연소가스를 흡입하여 건물 외부로 배출하는 방법이다. 이때 배출되는 연기는 독성가스를 포함하고 있으므로 배출 장소에 주의해야 한다. 또한 배출방향에 장애물이 있으면 가스가 역류할 수 있으며, 개구부와 송배풍기 사이의 공간을 제대로 막지 않으면 배출된 가스 일부가 그 틈을 통해 다시 흡입될 수 있으므로 주의가 필요하다.

 그림 6-10 음압 벤틸레이션

음압 벤틸레이션은 자연바람과 같은 방향으로 배기하도록 송배풍기를 설치한다. 구획실 내의 온도 차이나 압력 차이가 작아 플로우 패스가 형성되기 어려운 경우, 자연바람이 너무 약해 효과가 없는 경우 등에는 건물 한쪽에 송풍기를 내부 방향으로 설치해 건물 내부로 급기하고 반대쪽에는 배풍기를 외부 방향으로 설치해 연기 등의 연소생성물을 강제로 배출하는 방법을 사용할 수 있다.

음압 벤틸레이션은 내부의 연기를 효과적으로 배출하기 위해서는 연기층이 있는 상층부에 배풍기를 설치하는 것이 좋다. 그러나 화재가 진행 중인 상황에서는 그것이 만만치 않고, 천장이 높은 구획실의 경우 효율이 떨어지는 단점이 있다. 그래서 보통 음압 벤틸레이션은 화재완진 후 연기배출에 많이 사용한다.

특히 실내가스를 덕트호스로 흡입해 배출하는 경우는 실내 가스를 흡입하는 방법이기 때문에 배출할 수 있는 양에는 한계가 있다. 또한 천장면이 높은 장소의 연기 배출에는 적합하지 않으며 보통 지하층 화재 또는 외기와 직접 연결되지 않은 구획공간의 화재로서 피해를 입지 않은 다른 실이나 계단실을 통해 배출해야 하는 경우에 많이 사용한다. 그리고 급기와 배기가 동일한 개구부를 통해 이루어질 필요가 있을 때에도 음압 벤틸레이션은 유용한 방법이다.

6.6.3.2. 양압 벤틸레이션(PPV)

 그림 6-11   양압 벤틸레이션

양압 벤틸레이션(Positive Pressure Ventilation, 줄여서 PPV)은 옥내 화재진압 공격과 함께 사용되는 배연전술로 차압을 조성해 이를 이용하는 기계적 벤틸레이션이다. 대용량의 송풍기를 사용하여 건물내부의 압력을 외부보다 높게 만들어 연기를 압력이 낮은 옥외로 배출한다. PPV의 목적은 열기와 연기를 신속히 제거하여 조기에 화점을 찾고 화재확산을 방지함으로써 신속한 화재진압과 인명 검색을 가능하게 하는 것이다. 양압상태에서 진화 및 구조 활동을 포함한 화재 공격을 수행하는 경우 **양압 공격**(Positive Pressure Attack, 줄여서 PPA)이라고 한다.

송풍기는 급기구에 밀착시키거나 방연커튼(그림 7-4 참조) 등을 설치하여 실내 연기가 급기구를 통해 새어나오지 않도록 밀폐하는 것이 좋다. 그러나 급기구는 대원의 진출입로인 경우가 많고 급기 시 송풍기 자체가 기류의 장애물로 작용하여 급기 효율을 떨어트릴 수 있다. 이를 방지하기 위해 개구부에서

2~3m 떨어진 위치에 송풍기를 설치하고 바람이 개구부를 완전히 덮을 수 있도록 한다. 급기구와 연기를 배출하는 배기구 이외에 다른 개구부를 만들거나 개방하지 않는 것도 실내의 양압유지를 위해 아주 중요하다.

 그림 6-12 송풍기 설치 방법

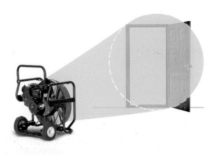

 그림 6-13 물류창고, 차고문 송풍기 병렬설치

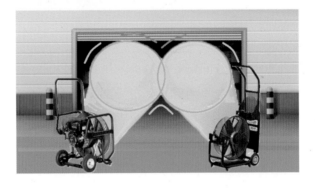

양압 벤틸레이션(PPV)은 3m 이내인 층고와 바닥면적이 상대적으로 적은 아파트 또는 주택화재에서 아주 유용한 배연전술이다. 창고나 차고문과 같이 개부부가 큰 경우 송풍기 여러 대를 나란히 병렬식으로 설치하면 대풍량을 얻을 수도 있다. 한편 송풍기를 직렬식으로 배열하는 경우 송풍압은 약간 증가할 수 있지만 풍량이 증가하지는 않는다. 많은 풍량을 얻고자 하는 대부분의 벤틸레이션은 병렬식을 활용한다. 그러나 고층건물과 같이 풍량보다는 풍압이 더 필요한

경우가 있다. 고층건물의 계단실 가압은 직렬식 송풍기를 활용하면 큰 효과를 볼 수 있다. 1대의 송풍기를 지상층에서 계단실로 급기하고 계단실 10여 개 층마다 송풍기를 추가로 배치하면 양압효과를 극대화할 수 있다.

지하로 연결되는 계단실이나 건물출입구와 거리가 먼 계단실의 경우, 음압 배연에서 연기를 배출할 때 사용되는 덕트호스를 급기측에 설치하여 송풍하는 방법도 가능하다.

 그림 6-14　덕트호스를 이용한 양압벤틸레이션

출처: 소방청 화재진압분야 교육훈련 프로그램.

양압 벤틸레이션은(PPV)는 조기에 화점을 찾고 신속한 화재진압과 인명검색을 가능하게 할 뿐만 아니라 잔화정리 동안에도 열과 습도를 낮추고 화재 실에서 연기를 제거해 대원의 부담을 덜어줄 수 있다. 특히, 고층화재 대피 시 계단을 가압하는 데 효과적이다.

그러나 PPV전술도 기계적 벤틸레이션이므로 화재확대의 위험이 존재한다. 특히 화재공격 초기단계에 운용하기에는 다음과 같은 몇 가지 문제가 있다. 첫째, 화재가 발생하지 않은 지역으로 화염을 밀어 넣을 수 있다. 특히, VES (Vent-Enter-Search, 배연-진입-검색) 작업이 이루어질 때 PPV를 시행하면 수

색 중인 소방관들을 향해 열과 화염이 밀려가면서 심각한 화상을 입힐 수 있다.

둘째, PPV전술을 위해서는 전담대원을 지정하는 등 별도의 인력이 필요한데, 아직 충분한 인력이 투입되지 않은 화재초기 상황에 운용하기엔 부담이 될 수 있다.

셋째, 화재성장을 가속 시킬 수 있다. 급격히 성장한 화재를 피해 창문 밖으로 탈출하면서 심각한 부상을 입는 대원도 많다. 이를 방지하기 위해서는 다음과 같은 절차를 준수할 필요가 있다.

1. 옥내진입 및 인명검색 준비
2. 화재실 특정
3. 화재실에서 화점과 가까운 곳에 개구부 개방
4. 송풍기 작동 후 해당 개구부에 배치
5. 옥내진입과 인명검색 시작

PPV 전술은 다음의 경우에 상당한 주의를 기울여야 한다.

1. 연소가스 및 분해가스가 장시간 축적된 **환기지배형 화재**로서 백드래프트 조짐이 보이는 경우
2. 화재가 건물의 천장 등 숨은 공간 안으로 침투한 경우
3. 발화 장소나 화재실을 특정하지 못하는 경우
4. 화재와 배연구 사이에 요구조자가 있는 경우

일본에서는 화재확대와 안전사고 방지를 위해 **단계적 PPV전술**을 제안하고 있다.[1] 먼저 1단계는 인위적으로 플로우 패스를 발생시켜 계획적인 급배기를 실시하고 옥외방수로 실내의 화세가 억제된 후 실내로 진입한다. 2단계는 방어적으로 운용하는 방법으로 실내진입 시 진출입로를 가압시킴으로써 연소가스로부터 진입대원을 보호하고 대원의 시야와 안전확보를 우선으로 하는 방법이다. 진출입로에서 화재실까지 거리가 먼 경우에 적합한 방법이며, 화재실 이외의 장

---

1) Theory for Fire Tactics 消化戰術理論, イカロス出版株式会社, p.92.

소를 가압하고 화재실을 격리하면서 연소가스를 제거하는 방법에도 효과적이다. 마지막 단계는 화재실이나 화점이 진출입로에서 가까운 경우, 또는 요구조자가 있어 신속한 인명구조가 필요할 때 진입경로 상의 화염이나 열기를 제거하면서 동시에 진입하는 공격적인 방법이다. 이 방법은 위험을 인지하고 회피하는 능력, 신속한 판단력과 발빠른 행동이 요구되기 때문에 각 대원의 사전지식은 물론, 높은 수준의 팀 운용과 기술의 표준화가 요구된다.

사실 양압 벤틸레이션(PPV)을 방어적으로 운용하든 공격적으로 사용하든 가압을 이용하는 원리는 같으므로 서로 큰 차이가 있는 것은 아니다. 화재현장의 상황에 따라 함께 사용하기도 하고 공격에서 방어로 전환하기도 한다. 공격적으로 운용할 때는 산소가 부족한 실내 상황에도 사용할 수 있도록 엔진식 보다는 휴대 가능한 배터리식 송풍기가 권장된다.

송풍기는 엔진식, 전기식, 워터터빈 등의 종류가 있으며 성능도 $8,000㎥/h$에서 $50,000㎥/h$까지 다양하다. 양압배연에서는 엔진식을 많이 사용하지만 음압배연은 화재실 연소가스 영향으로 출력이 감소할 수 있어서 전기식을 많이 사용한다. 전기식은 송풍능력이 $2,000~8,000㎥/h$ 정도로 작은 편이지만, 최근에는 $45,000㎥/h$ 성능의 전기식 송풍기와 $25,000㎥/h$ 성능의 배터리식도 생산되고 있다.

6.6.3.3. 양압 격리(Positive Pressure Isolation)

양압 격리는 화재실의 연기가 인접실로 확산되는 것을 방지하기 위해 인접실의 압력을 화재실보다 높게 만드는 전술이다. 양압 격리는 공기든 연기든 압력이 높은 곳에서 낮은 곳으로 흐르는 플로우 패스를 이용하는 것이다. 이것은 화학사고에 출동하는 화학분석차의 양압 원리와 유사한데, 화학분석차는 필터를 거친 양압의 공기를 내부에 제공하여 외부의 오염된 공기가 침입하는 것을 방지하는 양압설비가 설치된다.

최성기에 접어든 구획화재이거나 이미 화재진압 시기를 잃었다고 판단되면 해당 구획실을 배연하는 것보다 인접 공간을 배연하거나 가압하여 방어하는 것

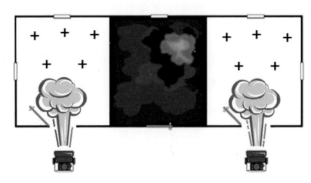

🏃 그림 6-15 양압 격리

이 더 효과적일 수 있다. 화재실의 연기가 유입되지 않도록 인접실의 입구에 송풍기 등을 설치하여 인접실을 가압하고, 가압공기가 빠져나가지 않도록 개구부를 차단하거나 최소화한다. 화재는 은폐된 공간까지 확대되거나 구획실의 구조적 기능이 상실되면 급격히 성장할 수 있으므로 송풍기는 풍속과 풍향을 고려하여 설치하고, 조작 대원은 가압 진행상황을 수시로 점검하여 지휘부에 보고하는 등 연락체계를 유지하여야 한다.

6.6.4. 수압 벤틸레이션(Hydraulic Ventilation)

다른 종류의 벤틸레이션 수행이 여의치 않을 경우, 수압 벤틸레이션을 사용해 볼 수 있다. 송배풍기 없이 오로지 방수의 기세와 주수에 끌려드는 공기를 이용하여 연소가스를 건물에서 밀어내는 방법을 **수압 배연** 또는 **주수 배연**(Stream Ventilation)이라고 한다. 기계 벤틸레이션과 수압 배연을 합해서 강제(Forced) 벤틸레이션으로 구분하기도 한다. 이 방법은 주로 화재를 진압한 후, 잔화정리를 할 때 건물 내에서 주수를 통해 연소가스를 제거할 때 많이 사용한다.

수압 배연을 효과적으로 실시하기 위해서는 분무주수(Fog Stream)를 이용한다. 국내 소방학교 교재[2]는 급기구를 완전히 덮을 수 있는 거리를 주수위치로

---

2) 2019년 신임교육과정 소방전술1, 제1편 화재진압 및 현장활동, p.139.

👤 그림 6-16 수압 벤틸레이션

선정하고 있으나 이는 잘못된 방법이다. 배연에 이용하려는 창문 등 개구부의
크기보다 수류의 크기를 조금 작게 하여 주수가 개구부 테두리에 닿지 않도록
해야 한다. 또한 상황에 따라 거리가 길 경우에 방사각 45° 이내의 좁은 각의
분무를 이용하고, 개구부와 가까운 거리는 넓은 각 분무주수를 이용한다.

분무주수를 이용하면 4~5㎥/s의 공기를 이동시킬 수 있다고 한다. 물론,
이러한 배출능력은 수압과 유량 그리고 방사각에 따라 영향을 받는데 유량과
방사각이 큰 경우 배출능력은 증가한다.[3]

수압배연은 소화와 배연작업을 병용할 수 있어 활용도가 높지만 불필요한
수손이 발생하지 않도록 주의가 필요하고, 아래와 같은 단점도 있으니 실내에서
시행할 때는 화재성상 등의 변화에 주의하여야 한다.

- 공기유동이 발생하여 화염이 대원을 향해 확산될 수 있다.
- 소방용수가 부족한 경우 수원낭비가 될 수 있다.
- 기온이 영하인 경우 건물 주변에 결빙을 초래할 수 있다.
- 고온의 오염된 대기에서 대원의 작업이 길어질 수 있다.
- 개구부 면적이 작을 경우 배연에 장시간이 소요된다.

한편, 화재가 한창 진행 중인 실내에서는 직접 개구부를 향한 분무주수

---

3) Fire Ventilation, Chapter 5. Working with ventilation. p.109.

보다는 직사를 이용한 페인팅 기법으로 O자 또는 Z자 형태로 주수하면 기상 냉각과 표면냉각을 동시에 구현하여 원활한 소화작업이 가능할 뿐만 아니라, 이때 발생하는 공기의 유동으로 개구부를 통한 배연도 효과적으로 실시할 수 있다.

6.6.5. 논 벤틸레이션(Non-Ventilation)

급기는 물론 일체의 공기유입을 차단하는 방법이 **논**(Non) 벤틸레이션 또는 **안티**(Anti) 벤틸레이션이다. 간단하게 출입문을 폐쇄함으로써 공기의 유입을 차단할 수 있는데, 이를 통해 실내의 산소농도를 낮춰 연소의 진행을 억제할 수 있다. 그러나 급기나 배기를 하지 않으므로 불완전연소에 의한 연기가 증가하고 중성대가 내려와 시야도 나빠지고 내부의 온도는 상승한다. 이 상태에서 부주의하게 개구부를 개방하거나 파괴하면 단번에 실내에 공기가 유입되어 백드래프트 등이 발생할 가능성이 있다.

 그림 6-17   논 벤틸레이션

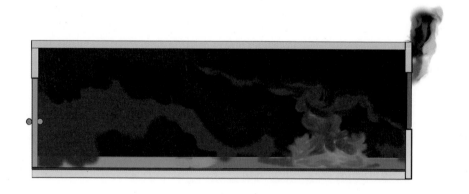

논 벤틸레이션은 화세를 억제하는 수단으로서는 유효하지만, 이후의 행동에 따라서 대원이 위험에 처하게 될 수도 있다. 따라서 일단 공기를 차단한 후

에는 실내의 가스를 냉각시키는 등의 조치가 필요하다. 또한, 문의 개폐를 제어하여 급격한 화재현상을 억제하면서 배연하는 도어 콘트롤(Door Control)이라는 방법을 함께 사용하면 위험을 경감시킬 수 있다.

6.7. 벤틸레이션 상황 판단(Size-Up)

소방대가 도착할 무렵에는 화재가 어느 정도 진행된 경우가 많다. 화점 또는 화재실의 위치를 특정하지 않은 채 개구부를 설정하면 비화재 지역으로 연소가 확대될 가능성도 있다. 벤틸레이션을 수행하기 위해서는 가장 먼저 기체의 흐름을 제어하는 플로우 패스 콘트롤을 기본적으로 이해하고 적용할 줄 알아야 한다. 그 후에 송풍기 등을 이용한 기압변화 조성 등 전술적인 응용이 가능할 것이다. 그러나 무엇보다도, 어떤 벤틸레이션이 필요한지 화재상황을 보고 판단할 수 있는 능력이 있어야 한다.

그림 6-18 벤틸레이션 구분에 따른 전술과 기술

계획		전술	기술
자연(Natural) 벤틸레이션		수직 배연	지붕개방
		수평 배연	창,줄입문개방
강제 (Forced) 벤틸레이션	기계적(Mechanical) 벤틸레이션	양압배연	송풍기 설치 도어콘트롤
		양압격리	
		음압배연	배풍기 설치
	수압 벤틸레이션	수압배연	분무주수
안티(Anti) 벤틸레이션		무배연(격리)	도어콘트롤

상황에 따라서 벤틸레이션이 가장 먼저 필요할 수도, 확대되는 화재의 제압이 우선되어야 할 수도 있을 것이다. 물론, 벤틸레이션을 진압이나 구조 활동

과 동시에 시행해야 하는 경우도 있다. 대원과 요구조자에 대한 위험성과 벤틸레이션 시행으로 기대할 수 있는 효과를 비교하여 실시 여부와 방법을 선택해야 한다. 그러기 위해서는 벤틸레이션 종류에 따른 장점과 단점을 먼저 이해하고 목적에 따라 응용할 수 있는 벤틸레이션을 계획할 수 있어야 할 것이다.

보통, 선착대에서 화재상황에 맞는 벤틸레이션 방법과 기타 전술을 결정하게 되는 경우가 많다. 바람과 건물의 조건 등 환경을 이용할 수 있는 자연환기, 인공적으로 급배기 흐름을 조성하는 강제환기 그리고 벤틸레이션을 자제함으로써 화재 진행을 억제하는 논 벤틸레이션 중 어느 것이 적절한지 상황판단을 통해 결정하고 계획한다.

벤틸레이션 결정을 위한 화재상황 판단은 BE-SAHF라는 방법이 단순하면서도 효과적이다(제4장 참고). 그중에서 연기에 대한 지표는 벤틸레이션 결정에 많은 정보를 제공한다. 연기의 색상이나 중성대 높이, 공기공급 상황의 차이에 따라 진행 중인 연소가 **연료지배형**인지 **환기지배형**인지를 평가할 수 있다. 이러한 평가는 벤틸레이션 시행 판단에 중요한 지표가 된다.

연료지배형 연소(Fuel Controlled)는 공기가 충분하기 때문에 급기를 하여도 갑작스런 화재성상의 변화 가능성은 낮고 벤틸레이션이 유효한 상황이라 할 수 있다. 다만, 조건만 갖추어지면 언제든 급격한 변화가 일어날 수 있다는 점에 주의가 필요하다. 반대로 **환기지배형 연소**(Ventilation Controlled)의 경우 연료는 충분하지만 산소량이 감소추세에 있으므로 외부에서 공기를 추가하면 급격한 연소변화가 일어날 수 있다. 이때는 위험을 감수할 정도로 위급한 상황이 아니라면 벤틸레이션을 시행하지 않는 것이 좋다. 만약 연료지배와 환기지배 어느 쪽으로도 구분할 수 없는 전이단계의 경우라면 이후의 상황예측에 따라 판단해야 한다.

※ 중앙소방학교 실화재훈련

🏃 그림 6-19 숙박시설 화재훈련장 롤오버

출처: 울산소방본부 제공.

🏃 그림 6-20 지하공동구 화재훈련장 실화재훈련

출처: 중앙소방학교 제공.

07

구획실 진입
(Door Entry and Attack)

인명검색과 화재진압을 위한 옥내진입 시 잠겨진 문을 강제로 개방하는 것을 강제진입(Forcible Entry)이라고 한다. 반면 **도어 엔트리(Door Entry)**는 화재가 진행 중인 구획실을 진입할 때 문을 통한 열을 확인하고 펄싱 등을 통해 대원의 안전을 확보하기 위한 절차와 기술을 일컫는 말이다.

구획실 진입(Door Entry and Attack)

7.1. 옥내진입 상황 판단(Situation Check)

　구획실 내부로 진입할 때는 화재의 진행상황을 확인해야 한다. 구획실 내부의 온도를 측정하는 방법으로 쇼트 펄스를 이용할 수 있다. 대원의 머리 위로 고온 고압의 연소가스 영역에 쇼트 펄스로 주수하여 물방울이 떨어지는 상황을 기준으로 진입경로의 냉각여부를 판단하는 방법이다. 그러나 옥내진입 판단을 이 방법에만 의지하는 것은 바람직하지 않다. 쇼트 펄스의 범위는 좁은 영역에 제한되므로 구획실 전체나 진입경로 전방의 상황을 확인하거나 변화시킬 수는 없다. 따라서 물방울이 떨어졌다고 해서 진입이 가능하다고 속단하는 것은 화재의 진행상황에 따라 위험한 판단이 될 수도 있다. 연기의 양과 색상, 연소가스의 온도, 플로우 패스, 전체적인 화재의 움직임 등을 보고 종합적으로 판단해야 한다. 이때 열화상카메라를 활용한다면 화재상황에 대한 좀 더 정확한 정보를 얻을 수 있고 안전한 활동이 가능할 것이다.

　건물이나 구조물 화재 시 출입구가 가장 위험한 곳 중 하나임을 명심해야 한다. 문이나 창문 등이 닫혀 있는 경우, 문이나 창문을 경계로 열이나 압력이 차단된 상태로 존재하게 될 것이다. 문과 창문을 개방함으로써 고온의 연소가스는 온도나 압력이 낮은 쪽으로 흘러가고 반대로 낮은 온도의 공기는 실내로 흘러든다. 특정 조건에서의 공기 유입은 플래시오버 또는 백드래프트 등을 일으킬 가능성이 있음을 앞에서 살펴보았다.

실내로 진입할 때는 다른 활동대와 연계한 행동의 통제도 중요하다. 실내진입 중에 다른 활동대가 불필요하게 개구부를 파괴하거나 임의로 옥외에서 실내로 방수하게 되면 실내진입 분대는 위험에 노출될 가능성이 높아진다. 그래서 지휘부는 옥내에 진입한 분대가 어느 분대인지 그리고 진입장소, 활동시간 등을 파악해두고 있어야 하며, 옥외에서 활동하는 분대도 이 정보를 공유할 필요가 있다.

7.2. 도어 콘트롤(Door Control)

구획화재는 진행에 따라 산소를 소모하고 밀폐된 조건으로 인해 **환기지배형 연소**(Ventilation Controlled)가 될 가능성이 높다. 환기지배형 연소는 유입되는 공기량에 크게 의존하기 때문에 공기유입을 제어함으로써 화재의 발달을 지연시키는 연소억제 효과를 얻을 수 있다. 공기의 유입 콘트롤은 주로 출입문(Door) 등의 개폐를 이용해 실시하기 때문에 **도어 콘트롤**(Door Control)이라 불린다.

실내진입 시 도어 콘트롤을 위해서 출입문을 담당하는 대원 1명을 지정하여야 한다. 배출되는 연기와 연소상황 등을 통해 실내상황을 종합적으로 추측하여 문 개폐 여부를 판단해야 하므로 경험과 지식이 풍부한 대원을 지정하는 것이 좋다.

7.2.1. 개방(Open)

출입문을 개방하면 문 상부에서 불완전연소 연기를 포함한 연소가스가 배출되고 하부로부터 공기가 유입되는 플로우 패스가 만들어진다. 이때 연소가 활성화되면서 불완전연소 연기는 적어지고 시야는 양호해진다. 그러나 연소가 활성화됨으로써 연소물의 **열방출률**(HRR)이 상승하게 된다. 만약 화재실 온도가 열분해가 발생하는 온도에 도달한 상황이고 가연성 가스가 이미 실내에 축적된 상황이라면 섣불리 개구부를 여는 것은 신선한 공기를 유입시켜 연소를 촉진시키게 된다. 실내온도가 500℃ 이상 상승하고 연소가 급속히 발달하면서 플래시오버가 발생할 수도 있다. 또한 연료의 농도는 높고 산소는 부족한 환기지배형 화재 상황에서 문을 개방했을 경우에는 백드래프트가 발생할 수도 있다.

그림 7-1 플래시오버

그림 7-2 백드래프트

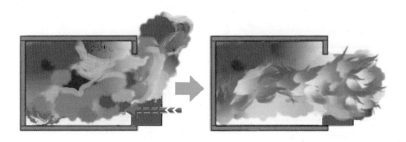

표 7-1   도어 개방과 폐쇄

구분	DOOR OPEN(개방)	DOOR CLOSE(폐쇄)
장점	연기는 얇고 중성대가 상승하여 시야가 양호해진다.	공기를 차단함으로써 HRR을 저하시킨다.
단점	공기가 유입됨으로써 HRR을 상승시킨다.	연기는 짙고 중성대가 하강하여 시야가 불량해진다.

　　환기지배형 화재 상황을 판단하기 위해 개구부의 중성대나 플로우 패스를
확인해 볼 수 있다. 중성대가 내려가면 개구부의 대부분은 분출하는 연기로 막혀
있기 때문에 공기유입은 원활하지 않고, 흡기와 배기가 서로 부딪쳐 중성대가 흔
들리기 시작한다. 이때는 환기지배형(Ventilation Controlled) 화재로 전환되는 단
계라 할 수 있으며 난류의 검은 연기가 분출하는 것을 목격할 수 있다. 분출되
는 연기가 외부의 산소와 혼합됨으로써 연소범위에 이르러 화재가스 발화(FGI)
또는 롤오버가 발생할 수 있는데, 이때 외부공기 유입이 쉬워지고, 연소가 활성
화되어 구획 전체가 플래시오버와 같은 폭발적인 연소현상이 일어나게 된다.

7.2.2. 폐쇄(Close)

　　출입문을 닫으면 공기유입이 차단되어 연소가 억제되고 **열방출률**(HRR)은

 그림 7-3   도어 폐쇄

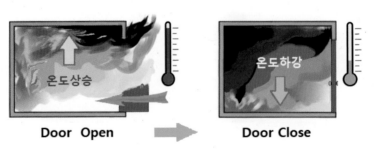

저하된다. 현장도착 시 소방력이 열세일 경우 일시적으로 화재의 확대를 억제할 수 있는 유효한 방법이 될 수도 있다. 그러나 실내의 산소를 감소시키기 때문에 실내에 생존자나 요구조자가 있는 경우에는 피해야 한다.

화재실이 열분해 온도에 도달하면 열분해 된 가연성가스와 불완전 연소된 연기가 증가하여 중성대가 하강하기 때문에 시야가 불량해진다. 이러한 상황에서 환기를 위해 출입문 등의 개구부를 개방해버리면 플래시오버나 백드래프트, FGI(화재가스 발화) 현상을 일으키는 원인이 될 수 있으니 주의해야 한다.

7.2.3. 방연커튼(Smoke Curtain)

출입문의 개폐를 제어하는 도어 콘트롤은 대원의 진출입과 소방호스의 전개로 인해 방해를 받게 된다. 이런 경우 신선한 외부 공기의 유입을 막을 수 없을 뿐만 아니라 연기의 배출을 통제할 수 없어 도어 콘트롤은 그 목적과 기능을 상실하고 만다. 이에 대한 해결책으로 방연커튼을 선택할 수 있다.

 그림 7-4   방연커튼

출처: https://supervac.com

짧은 시간 안에 설치가 가능한 방연커튼은 화재진압이나 인명검색 등을 위한 대원의 진출입에도 불구하고 개구부 형성과 공기유입을 최소화하여 플래시오버를 방지할 수 있으며, 복도나 계단실로의 연기확산을 방지하여 대원의 활동과 요구조자의 피난에 도움을 줄 수 있다. 화재초기에 사용할 경우 연기확산에 따른 재산피해도 줄일 수 있다.

방연커튼은 화재실의 연기가 인접실로 확산되는 것을 막기 위한 양압격리(Positive Pressure Isolation)와 외부 공기유입을 방지하기 위한 논 벤틸레이션(Non Ventilation)에도 효과적으로 활용이 가능하다.

7.3. 도어 엔트리(Door Entry)

7.3.1. 공격팀 편성

외국에서는 화재진압을 "*fight a fire*", "화재와 싸운다"라는 표현을 많이 쓴다. 소방관을 firefighter라고 부르는 것도, 이 때문이다. 싸움이라면 공격도 있고 방어도 있어야 한다. 인접건물 등에 대한 연소학대를 막고 인명과 재산을 보호하는 것이 방어전략이라면, 적극적으로 인명을 구조하거나 화재를 진압하는 것은 공격전략이다. 특히 옥내로 진입해 작전을 수행하는 것은 Interior Attack(실내공격)이라 할 수 있다. 그래서 옥내에 진입하는 화재진압팀을 Attack Team이라 부른다.

팀 편성을 좌우하는 것은 소방력이다. 이것은 우리만의 문제는 아니다. 철저한 시장 논리가 적용되는 미국은 소방도 예외가 아니다. 인력과 조직력의 한계는 물론, 보유장비 등의 한계를 냉정하게 판단해 최선의 안전을 확보한 후에 활동에 임하는 것이 중요하다. 특히 화재진압 시의 옥내진입 활동은 강한 체력만으로 이루어지는 것은 아니다. 평정심을 유지할 수 있는 냉정함을 갖추고, 논리와 합리성에 근거해 행동할 수 있는 인재와 팀이 필요하다.

공격팀의 편성과 운용은 신입직원보다는 경험이 많은 대원 위주로 편성하는 것이 좋다. 옥내진입은 위험성이 높은 임무로 대원 각자가 연소의 진행상황을 직접 확인하고 연소예측을 해야 하기 때문이다. 연소상황에 맞는 주수를 위해 지식과 기술을 겸비한 대원이 필요하다. 팀원 5인을 기준으로 할 때, 공격팀은 보통 다음과 같이 편성한다.

1. 팀장(현장 지휘)
2. 관창수(관창 조작)
3. 관창수 보조(주수 보조)
4. 도어 콘트롤 담당(호스 관리 포함)
5. 기관원(펌프 조작)

옥외에서 발생하는 화재와 달리 건물화재 특히, 구획화재의 경우 대원 중 1명을 도어 담당으로 지정하여 팀의 옥내진입 전후에 도어 콘트롤 등의 임무를 부여한다. 만약 인원이 충분하지 않을 때는 팀장이 도어 담당의 역할을 맡는다. 그만큼 구획화재 진압에 있어서 도어 콘트롤은 중요하다.

1. 관창수(관창 조작)
2. 관창보조(주수 보조)
3. 도어 콘트롤 담당(호스 관리)   ※ 팀장이 역할 수행
4. 기관원(펌프 조작)

각 대원별 임무를 살펴보자. **관창수**는 화재상황과 건물상황에 맞는 주수를 선택하고 최전방에서 화재를 진압하는 대원이다. 관창수는 앞서 5장에서 살펴본 바와 같이 기상냉각을 할 것인지 아니면 표면냉각을 할 것인지를 명확히 하고, 주수목적에 따른 적절한 주수기법을 선택하고 활용할 수 있는 능력이 있어야 한다.

그림 7-5 도어 엔트리

도어 담당

관창수

관창보조

출처: 경기도 소방학교 제공.

관창보조는 효과적인 주수를 위해 관창수를 보조하는 역할을 맡는다. 적절한 방수를 위해 열화상카메라(TIC)를 사용하여 방수의 효과 등을 확인하는 것 외에도 방수로 인한 반동력을 경감하고 호스의 꺾임이나 간섭 등의 장애를 제거하는 작업을 맡는다.

- 주수효과 확인 등 주수 보조
- 호스관리(꺾임이나 간섭 등의 장애요소 제거)
- 관창수의 안전 확보
- 외부와의 통신

또한 관창보조의 중요한 역할로서 관창수의 안전을 확보하는 임무가 있다. 활동 중 관창수의 시선은 전방에 집중되기 때문에 관창보조 대원은 주위를 감시하고 화재상황 확인 및 위험을 예측하는 등 관창수가 최대한 안전하게 활동할 수 있도록 보조하여야 한다. 그리고 예상치 못한 경우에는 즉시 대피

할 수 있도록 퇴로를 확인해 두는 것도 중요하다. 방수 중인 관창수는 양손을 다른 일에 쓸 수 없으므로 외부와의 통신은 관창보조 대원이 담당하는 것이 바람직하다.

도어 담당 또는 **도어 콘트롤** 담당은 옥내에 진입하는 대원의 도어 엔트리를 보조하고 도어 개폐를 통제하는 역할뿐만 아니라 진입팀과 펌프 기관원 사이에서 그들의 활동을 중계하고 조정하는 역할을 맡는다. 또한 호스연장 상태를 확보하고 관리하기 때문에 아주 중요한 임무라고 할 수 있다.

- 호스라인 확보 및 관리
- 진입대와 기관원의 중계 및 조정
- 진입 관리/안전 확보

도어 담당은 진입팀이 사용하고 있는 호스의 연장 개수에 따라 진입대원의 진입거리와 위치를 예측할 수 있으므로 메이데이(MAYDAY) 호출신호[1]를 인지할 경우 신속하게 대응할 수 있다. 진입하는 대원의 진출입 시간과 공기잔량, 현재위치 등을 파악하고 인지함으로써 대원의 안전을 향상시키는 역할도 기대할 수 있다.

또한, 옥외로부터 확인하는 화재상황과 옥내진입 대원의 정보를 바탕으로 전체적인 상황을 파악하고 인식함으로써 위험을 예측하고 미연에 사고를 방지할 수도 있다. 따라서 공격팀 편성 시 도어 담당의 역할은 소홀히 할 수 없다. 지식과 경험치가 높고 화재성상과 전술을 잘 아는 사람이 맡아야 한다.

7.3.2. 진입판단(Go/No-Go Decision)

건물 구획화재를 진압하려면 먼저 구획실 내부 진입여부에 대한 판단을 내려야 한다. 옥내로 들어가기 전에 플래시오버나 백드래프트 등의 징후를 확인하고 화염이나 연기 상태를 리딩(Reading)하는 것을 잊지 말아야 하며, 앞서 살펴

---

1) 메이데이 호출신호: 활동 중 고립이나 위험에 직면한 대원이 보내는 긴급 구조요청 신호

본 BE-SAHF를 활용해 화재현장 상황을 평가할 수 있어야 한다.

BE-SAHF가 현장 도착 시 전체 화재상황을 판단하는 방법이었다면, 건물 내부로 진입하는 팀장은 진입여부의 신속한 판단을 위해 다음 네 가지 항목을 신속히 확인할 필요가 있다.

- 연기의 높이
- 연기의 속도
- 열
- 화염

연기 높이는 개구부의 중성대 높이 또는 화재실 내의 열성층 높이를 평가하는 것이다. 개구부의 중성대가 낮거나 화재실 내의 열성층이 너무 낮아서 소방대원이 낮은 자세로도 활동하기 곤란한 경우에는 진입을 보류한다.

연기의 속도를 현장에서 측정하기는 어렵다. 그러나 난류의 연기가 뿜어져 나온다면 당장 진입은 어렵다고 판단해야 한다.

열은 열화상카메라로 확인하여 실내공간의 온도가 250℃ 이상이라면 진입을 멈추고 기상냉각(Gas Cooling)부터 시행하여야 한다. 독일의 실화재훈련시설 설치기준 DIN 14907[2])을 보면 화재실 내부 온도는 바닥에서 1m 지점에서 250℃를 초과하지 않아야 한다고 규정하고 있다. 250℃는 가연물의 열분해 시작 온도일 뿐만 아니라 방화복과 공기호흡기 안면부에 손상을 입힐 수 있는 한계점으로 간주되기 때문이다. 열화상카메라가 없다면 바닥에 짧게 주수하여 물의 증발속도를 확인할 수 있다. 아직 하부까지 고온에 노출되지 않았다면 급속한 증발을 하지는 않을 것이다.

마지막으로 화염을 확인한다. 출입구에서 외부로 분출하는 화염이나 롤오버가 목격된다면 진입을 보류한다. 이는 곧 플래시오버가 발생할 수도 있다는 징조이기 때문이다.

이 네 가지 항목은 진입대 팀장이나 현장지휘관이 건물 안으로, 구획실 내

---

2) DIN 14097 Firefighter training facilities-Part2: Gas-fuelled simulation devices

부 진입여부를 판단하기 위해 필히 고려해야할 사항들이다. No-Go(진입불가)라는 결정은 단순히 진입하지 말라는 뜻은 아니다. 진입하기 전에 이러한 상황과 조건들을 완화할 수 있는 조치를 먼저 시행하여 Go(진입) 결정을 내릴 수 있도록 하는 데 의미가 있다.

7.3.3. 구획실 진입(Door Entry)

만약 진입하기로 결정하였다면, 진입은 안전을 최우선하는 활동이 되어야 한다. 그 수단으로서 **도어 엔트리**(Door Entry)라는 방법이 있다. 도어 엔트리는 출입문을 통한 진입을 뜻하는 것이며, 소방관 진입창 등의 창문을 통한 진입은 해당하지 않는다.

먼저, 육안으로 문을 관찰하고 수열에 의한 도료(페인트)의 발포 등, 열 징후를 확인한다. 다음으로 물을 뿌려 문을 냉각시키고 열 징후를 확인할 수 있으며, 문 표면에 물을 흘려보내고 증발하는 부분을 관찰하여 내부의 열 상태에 대한 단서를 찾을 수 있다. 그리고 실내에 존재하는 열성층의 높이도 구획실 내부 상태를 판별하는 중요한 항목이다.

문이 열리면 열기와 공기의 이동이 시작된다. 자연발화온도(Auto Ignition Temperature) 이상의 가연성가스는 신선한 공기와 혼합되면 발화하기 때문에 도어를 통해 빠져나오는 연기와 가스는 짧게 주수하여 냉각시켜야 한다. 이로 인해 진입 및 퇴출 경로의 안전을 확보할 수 있다. 그리고 구획실 내부로 공기가 유입되지 않도록 출입문을 제어(Door Control)해야 한다.

7.3.1.1. Door entry 요령

① 출입문이 열렸을 때 가장 먼저 유출되는 고온의 화재가스(Fire Gas)에 쇼트펄스 주수를 시행하여 냉각·희석시키고 자연발화를 방지함으로써 대원을 열로부터 보호한다.

② 자연발화 방지를 위한 쇼트펄스 이후, 노즐이 들어갈 정도로 문을 조금

만 개방하고 내부 기상냉각을 위한 주수를 한 후 문을 닫는다.

③ 안전하게 진입할 수 있을 때까지 필요에 따라 이 절차를 반복한다. 문을 열 때는 한 번에 개방하지 말고 조금씩 개방하면서 내부 상황이나 화재 가스의 흐름을 관찰한다.

④ 옥내로 진입한 후에는 화점을 향해 계속 전진할 수 있는지 확인하고, 불 기운이 강한 경우 일시적으로 안전한 장소를 확보하고 기상냉각을 실시 하여 화세를 약화시킨다.

7.3.1.2. 킬존(Kill Zone) 방지와 버퍼존(Buffer Zone) 조성

출입문을 개방하고 진입할 때 하부로는 공기가 유입되고 상부로는 고온의 연기가 빠져나가는 양방향 플로우 패스가 발생한다. 진입하는 대원의 머리 위로 흘러가는 연기와 미연소가스는 공기유입으로 화재가스 발화(FGI)를 일으킬 가 능성이 높아 진입대원을 위험에 빠뜨릴 수 있는데, 연기 등의 연소가스가 통과 하는 바로 아래의 영역이 킬존(Kill Zone)이라 부르는 가장 위험한 영역이다.

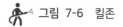 그림 7-6   킬존

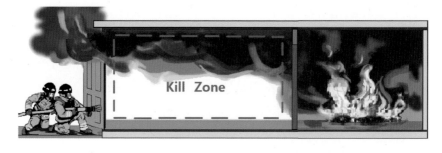

이때는 열로부터 비교적 안전한 완충지역을 만들어 주어야 한다. 펄스주수 를 통한 기상냉각은 킬존의 온도를 낮추는 데에도 효과적이며 자신의 주변공간 을 냉각시킴으로써 화염이나 복사열로부터 일시적으로나마 자신을 보호할 수 있다. 이 상태를 버퍼존(Buffer Zone)이라고 부른다. 소화가 목적이 아니므로 펄

그림 7-7 버퍼 존

스 주수를 통해 냉각된 가스가 플로우 패스를 통해 배출되도록 하는 것이 중요하다.

과도한 방수로 인해 수증기가 증가하거나 열기를 밀어 넣으면 **열성층**(Thermal Layering)이 붕괴되어 열기가 진입대원에게 되돌아올 수 있으니 주의해야 한다. 또한 상황에 따라 펄스만으로는 냉각할 수 없는 큰 열량이 발생하는 경우가 있으므로 화세와 구획의 크기, 건물 특성 등을 고려하여 주수기법이나 유량을 조정해야 한다.

7.3.4. 호스 관리(Hose Management)

구획실 화재는 호스를 어떻게 전개하느냐에 따라 그 이후의 전술전개에 큰 영향을 미친다. 방수하고 싶은 장소에 주수가 닿지 않으면 소화전술은 효과를 발휘하지 못한다. 호스 연장거리가 짧아 화점에 닿지 않는 경우, 일단 방수를 정지하고 호스를 추가할 필요가 있으며 여유 호스가 많이 남는 경우에는 호스 전개를 다시 검토할 필요가 있다,

특히 호스 꺾임이나 파단, 파손 등은 호스의 마찰손실 증가와 방수량 부족으로 이어질 수 있어 주의가 필요하다. 최근에는 다기능·다목적 관창이 많이 사용되고 있으나 대부분의 관창은 노즐선단 압력을 0.5~0.7Mpa 이내에서 사용하도록 제작된다. 이 압력을 초과하거나 갑자기 유량을 증가시키면 **수격**(Water

Hammer)과 같은 반동력이 증가하여 위험할 수 있다. 급격한 개폐를 반복하는 조작을 할 때에도 수격이 발생하여 방수압력의 2~3배에 해당하는 큰 충격이 순간적으로 발생할 수 있다.

구획실 화재진압은 옥외의 화재진압처럼 고압력, 대유량으로 방수하는 경우는 많지 않다. 유량을 줄여 방수하는 경우가 많기 때문에 대유량 방수에 비해 큰 반동이나 충격은 없지만 주수를 방해하거나 호스의 손상을 가져오는 장애물은 옥외보다 더 많다. 실내로 진입할 때 호스를 무리하게 다루면 호스가 파단되거나 장애물에 걸려 파손될 수 있으며, 실내진입 중 호스파손은 진입대원에게 큰 위험요인이 될 수 있다. 이러한 위험을 방지하기 위해서는 호스를 관리하는 인원이 필요하다. 공격팀 편성과 배치 시 호스관리를 고려한 인력을 배치하여 보다 안전한 현장활동이 이루어지도록 하여야 한다.

7.4. VEIS(Vent-Enter-Isolation-Search)

진압대가 화재진압을 위해 호스를 전개하고 진압전술을 수행할 때 구조대는 건물 내부에 요구조자가 있는지 인명검색과 구조 활동을 수행한다. 과거와 달리 특수방화복과 공기호흡기의 보급으로 옥내로 진입하는 공격적인 활동이 주류가 되었지만, 연소 중인 건물 안으로 진입하는 것은 여전히 위험한 활동이다. 특히 소방호스나 진압대와의 협조 없이 진입하는 것은 안전사고의 증가로 이어져 많은 대원이 희생되고 있기도 하다. 안전사고 위험을 줄이고 더 안전한 방법으로 인명검색을 시행하고자 개발된 전술이 VES와 VEIS이다.

VES는 Vent(배연), Enter(진입), Search(검색)의 앞 글자를 딴 것으로 개구부를 개방해 플로우 패스를 형성시키고 배연을 하면서 진입 및 검색하는 기법이다. 이때의 배연은 기계배연보다는 자연배연을 권장한다. 양압배연(PPV) 등의 기계배연은 인명검색과 함께 실시할 경우 수색 중인 대원들을 향해 열과 화염이 밀려갈 수 있으므로 초기 인명검색보다는 화점발견 후 진압작업 개시와 동시에 시행하는 것이 좋다.

그리고 진입로 상에 위험한 영역을 발견한 경우, 즉시 이를 격리하거나 차단하면서 검색할 필요가 있다. 이때는 VES에 격리를 뜻하는 Isolate를 추가한 VEIS라는 전술을 활용한다. 각각 Vent(배연), Entry(진입), Isolate(격리), Search(검색)를 나타내는 VEIS는 플로우 패스 콘트롤을 통해 진입경로상의 농연 열기나 화염을 차단할 수 있고 연소속도를 억제할 수 있어 검색대원의 위험을 줄이는 데 매우 효과적인 방법이다.

선착대가 건물내부로 진입하면, 뒤이어 도착하는 구조대나 다른 진압대는 대부분 선착대가 개척한 그 진입로를 이용한다. 그러나 그것이 여의치 않을 때가 있다. 출입구에서 진압대가 방수를 하며 사투를 벌이고 있거나 출입구를 통해 화염이 분출하고 있어서 제2의 출입구를 통한 진입이 필요한 경우, 그리고 건물 내부에 요구조자가 있다는 정보가 있어 해당 실이나 인접실의 창문 등을 통한 신속한 진입과 검색이 필요한 경우에 VEIS 전술을 활용한다.

Firefighternation.com에서는 VEIS 절차를 다음과 같이 소개하고 있다.[3]

- 화재건물 주위 360° 모든 방향에서 화재상황을 확인한다.
- 진입구를 결정한다. 문이 아닌 창문이 유리할 때도 있다.
- 개구부를 설정하고 배연을 시작한다.
- 건물내부로 진입한다.
- 검색공간의 농연 차단을 위해 도어 콘트롤을 시행한다.
- 신속히 인명검색을 실시한다.

연소 중인 건물의 내부 상황을 파악하는 것은 쉽지 않다. 효과적인 벤틸레이션이 불가능한 경우가 많기 때문에 벤틸레이션을 실시하지 않는 것이 유리할 때도 있다. 이때는 도어 콘트롤에 의한 격리(Isolate)와 차단을 활용한 VIES 전술이 효과적이다.

---

3) https://www.firefighternation.com/firerescue/how-to-perform-veis/#gref

7.5. 기본 공격전술(Attack)

기본적인 화재진압 전술로 직접 및 간접의 두 가지 방법이 있다. 이 두 가지를 조합한 콤비네이션 공격을 더하면 전통적인 세 가지 공격법이 된다. 그러나 화재진압은 공격과 수비가 필요한 일종의 전투이며 싸움이다. 과거에는 상황에 따라 간접공격과 직접공격을 선택해 사용한 것이 콤비네이션 공격이었다면, 지금은 공격과 수비를 동시에 시행하는 것도 콤비네이션 공격의 범주라고 할 수 있다. 이를 위해 공격과 수비의 개념을 모두 갖고 있는 3D 주수가 가장 유효한 수단이 되고 있다. 3D 주수기법을 장착한 콤비네이션 공격은 지금의 소방환경에 맞는 기본 화재진압 전술이라 하겠다.

1. Direct Attack: 직접공격

   연소실체 방수 및 연소표면을 직접 냉각시켜 소화

2. Indirect Attack: 간접공격

   수증기를 이용한 냉각 및 질식 효과에 의해 간접적으로 소화

3. Combination Attack: 콤비네이션 공격

   간접공격과 직접공격의 조합 → 3D 주수기법 활용

7.5.1. 직접 공격(Direct Attack)

직접공격은 연소 중인 가연물에 직접 주수하여 소화시키는 것을 말한다. 직사주수 또는 중속 이상의 분무 주수기법을 활용한다. 이 방법은 성장기 또는 쇠퇴기 단계의 화재에서 연소하고 있는 물체를 향해 직접 방수하거나 먼 곳에서 대량 방수에 의해 화세를 억제하기 위해 사용한다.

🏃 그림 7-8 직접 공격

7.5.1.1. 직접공격 방법(Technique)

- 봉상 또는 직사주수(필요시 중·고속 분무주수 활용)
- 열기와 화염에 적합한 유량을 설정
- 피스톨 관창의 개폐핸들로 방수 거리와 속도 조정
  ※ 개폐핸들이 없는 노즐은 방수압력으로 조정

7.5.1.2. 직접공격 효과(Effect)

- 연소가 일어나는 온도 이하로 표면을 냉각한다.
- 열분해를 억제하기 위해 사용할 수 있다.
- 방수의 기세로 연소물을 파괴하거나 제거할 수 있다.
- 진입경로 상의 낙하위험물 등 위험요인을 사전에 제거한다.

직접공격은 수원의 낭비를 막기 위해 주의가 필요하다. 과도한 주수로 인해 연소물이 필요 이상으로 비산하지 않도록 하여야 한다. 그리고 방수압이 높으면 벽이나 기둥 등에 손상을 주어 건물 붕괴요인이 되는 경우가 있으니 주의해야 한다.

7.5.2. 간접 공격(Indirect Attack)

화세가 강해 건물 내부로 진입할 수 없을 때 출입구 또는 창문을 통해 외부에서 시행하는 공격법이다. 천장에 반사주수하여 일부는 대량의 수증기를 발생시키고 일부는 연소물에 쏟아져 내리게 하여 화재를 진압한다. 간접공격은 기상과 가연물의 표면 모두를 냉각하는 방법일 뿐만 아니라 구획실 내에서 산소를 희석시키는 효과도 있다. 그러나 열균형이 파괴되면서 수증기가 몰아칠 수 있으므로 대원은 입구에서 이를 방어하면서 주수하여야 한다.

 그림 7-9   간접공격

간접공격은 화재성장이 원활한 중기부터 최성기 사이 또는 플래시오버나 백드래프트 등의 위험이 의심되는 경우에 무리하게 진입하는 대신 화세를 제한하기 위해 사용한다. 화염을 완전히 진화하는 목적이 아니라 화세를 억제하고 위험을 경감하여 피해를 최소한으로 제한하는 것이 중요하다.

7.5.2.1. 간접공격 방법(Technique)

- 직사와 분무주수, 롱 펄스 주수 활용
- 열기와 화염에 적합한 유량 설정
- 내부는 수증기 위험이 있으므로 구획 외부에서 시행

7.5.2.2. 간접공격 효과(Effect)

- 화염이나 열기를 식혀 화세를 억제한다.
- 미연소 가연물과 구획실의 구조체를 냉각시킬 수 있다.
- 수증기 발생량이 많을 경우 질식효과를 기대할 수 있다.

간접공격은 열성층이나 중성대를 흐트러뜨려 시야가 불량할 수 있으며, 가열된 수증기로 인해 열성층이 붕괴되어 대원이 부상을 입는 경우가 있으니 건물 또는 화재실 입구나 외부에서 사용하는 것이 권장된다. 또한, 화염을 다른 거실이나 공간으로 밀어내어(Pushing Fire) 연소 확대로 이어질 수 있으니 주의가 필요하다.

7.5.3. 콤비네이션 공격(Combination Attack)

화재진압 공격전술은 화재의 규모와 가연물의 종류, 소방력 등의 상황에 따라 유기적으로 변형할 수 있어야 한다. 콤비네이션 공격은 상황에 따라 간접공격과 직접공격을 조합해 사용하는 방법이다. 예를 들면, 간접공격으로 고온의 연소가스를 냉각하면서 동시에 연소물에 직접 주수하여 소화할 수 있을 것이다. 이때의 주수는 침투력이 있는 봉상주수 또는 직사주수로 천장 부근의 가열된 가스를 향해 일제히 방수하여 공간의 열을 흡수하면서 기상을 냉각하고, 벽체나 바닥 부근의 연소물에 직접 방수하여 연소실체를 냉각한다.

콤비네이션 주수요령으로 미국소방교재 *Essentials of Firefighting*에서 T, Z, O 형태의 주수방법을 권장해왔으나 지금은 3D 주수법이 도입되면서 펜슬링과 페인팅 기법을 활용하도록 바뀌었고 *Essentials of Firefighting* 5차 개정판에서는 T, Z, O 형태의 주수법은 삭제되었다. 대신 천장 부근의 고온 가스층은 펜슬링으로 짧게 끊어서 주수하여 냉각을 하고, 이어서 페인팅으로 바닥 근처의 연소물을 공격하는 것으로 콤비네이션 공격을 소개하고 있다. 3D 주수기법에 대한 세부 내용은 5장을 참고하기 바란다.

- 직접공격＋간접공격의 조합
- 기상냉각＋표면냉각의 조합
- 펜슬링＋페인팅의 조합

직접 및 간접공격이 주수 목적이나 대상에 따른 구분이라면, 공격 장소에 따라서 옥내공격(Interior Attack)과 옥외공격(Exterior Attack)으로 구분하기도 한다. 진압대 도착 시 화재가 초기 단계라면 옥내공격이 용이하겠지만 이미 최성기에 도달했다면 옥내진입은 쉽지 않다. 이때는 옥외공격이 선행되어 화세를 어느 정도 약화시킨 이후에 옥내로 진입해 화재진압 공격이 이루어져야 할 것이다. 이렇게 옥외공격에서 옥내공격으로 이행하는 것을 전환공격(Transitional Attack) 또는 이행공격이라고 하며 큰 범주에서 콤비네이션 공격의 하나로 볼 수 있다.

그리고 간접공격과 직접공격은 동시에 구현이 가능하지만 옥내공격과 옥외공격을 동시에 시행하는 것은 아주 위험할 수 있다. 옥외에서 옥내로 향하는 방수는 예기치 않은 화염의 이동과 열균형의 교란으로 화재실 내에서 활동 중인 대원에게 위해를 가할 수 있기 때문이다.

08

현장 보건안전
(Health & Safety)

2009년부터 2018년까지 10년 동안 미국에서 훈련활동 중 사망한 소방관은 91명이다. 그 중 3분의 2가 심장마비였다고 한다. 이는 훈련활동이 신체적 피로뿐만 아니라 심혈관계 스트레스와 부담을 극도로 증가시킨다는 것을 보여준다.

현장 보건안전(Health & Safety)

소방관은 고열 환경에서 무거운 개인안전장비를 착용하고 격렬한 신체 활동을 수행한다. 이러한 노출과 신체활동으로 인해 육체적·정신적 피로, 탈수, 상황인식 저하 등이 유발될 수 있다. 훈련도 예외가 아니다. 특히 실화재훈련은 체력과 건강이 최상의 상태라 하더라도 과도한 스트레스가 발생할 가능성이 여전히 존재한다. 미국 NFPA(National Fire Protection Association)에서 발표한 자료[1]에 따르면 2009년부터 2018년까지 10년 동안 91명의 소방관이 훈련활동 중에 사망한 것으로 보고되었고 3분의 2에 해당하는 인원이 심장마비로 사망하였다. 이는 훈련활동이 신체적 피로뿐만 아니라 심혈관계 스트레스와 부담을 극도로 증가시킨다는 것을 반증하고 있다. 참고로 91명 중 실화재훈련 중 사망자는 4명이었고 그 중 2명이 교관이었다고 한다.

---

1) U.S Firefighter Death Related to Training(2009-2018)

그림 8-1 공기호흡기

8.1. 공기 잔압관리(Remaining Service Pressure)

소방에 공기호흡기가 보급된 것은 그리 오래되지 않았다. 지금은 개인마다 하나씩 지급되고 있지만, 저자가 처음 소방에 입문했을 때만 해도 당시 소방파출소(지금의 119안전센터)에는 공기호흡기가 충분하지 않았다. 구급대원과 기관원은 아예 지급받지 못했고 진압대원들도 대여섯 개의 공기호흡기를 공용으로 돌려가며 사용했다.

방화복은 화염이나 열로부터의 보호를 위해 만들어졌지만 그만큼 소방대원에게는 체력소비와 움직임 제한 등 적지 않은 영향을 미친다. 게다가 공기호흡기를 장착하고 있을 때 체력소모는 더욱 증가한다. 공기호흡기는 크기와 유형에 따라 다르지만, 소방에서 많이 사용하는 45분용 SCA680 모델은 무게가 9kg이다. 개인안전장비에 공기호흡기를 더한 무게는 20kg이 넘는다. 소방대원은 현장활동 또는 훈련 중 발생할 수 있는 열사병 등의 징후와 증상에 주의할 필요가 있다. 공기호흡기를 사용할 때 안전을 최대한으로 확보하기 위해서는 다음의 항목을 지킬 필요가 있다.

- 공기호흡기를 장착하는 소방대원은 반드시 정기 건강검진을 통해 건강상 태를 확인할 것
- 공기호흡기를 장착하고 있는 동안에는 스스로의 몸 상태에 주의를 기울 이고 피곤하면 즉시 휴식을 취할 것
- 공기 소모시간은 대원마다 다르므로 평소 자신의 공기 소비량을 파악해 둘 것. 직접 1분 동안의 공기 소비량을 가벼운 작업과 힘든 작업 기준으 로 측정해둔다.
- 공기 소모시간은 대원의 신체조건뿐만 아니라 정신적 스트레스, 수행하 는 임무나 훈련의 강도, 온도, 바람 등 주위환경에 따라 변하므로 과신하 지 말 것.
- 오염구역에 진입했을 경우, 오염구역에서 완전히 벗어날 때까지는 공기 호흡기를 벗지 말 것.

공기호흡기 사용에 있어서 가장 중요한 것은 잔압확인과 퇴각시점의 판단 이다. 공기잔압은 옥내진입 전은 물론 진입 후 활동 중에도 수시로 확인할 필요 가 있다. 미국의 경우, 화재 순직자 중 대부분이 공기부족에 의한 것으로 확인 되고 있다. 공기잔량의 확인 부족은 물론, 탈출경로를 잃어버리거나 긴급상황에 빠진 경우에 발생하는 패닉 등으로 예상보다 더 짧은 시간에 공기가 고갈되기 때문이다. 다행히 공기호흡기에는 설정압력에 도달하면 이를 경보해주는 장치 가 있다. 그러나 문제는 설정압력 기준이 너무 낮아서, 경보음 작동 이후 건물 을 빠져나오기에는 너무 위험하다는 것이다. 더욱이 물류창고와 같은 대규모 공 간이라면 더욱 심각한 상황에 빠질 수 있다.

국내 공기호흡기의 형식승인 및 제품검사의 기술기준에 따르면 용기 내의 압력이 5.5Mpa(55bar)이 되거나 잔여공기량이 200리터 이상이 되는 압력에서 음향경보가 작동되도록 규정하고 있다. 용기의 충전압력이 300bar이므로 55 bar는 245bar의 압력이 빠지고 난 이후다. 즉 300bar로 만충한 압력의 18.3% 정도의 잔압 상태에서 경보를 울리게 되는데 이는 소방대원을 너무나 열악한

탈출환경에 빠트리게 되는 것이다.

미국은 연방규정 42CFR Part 84.83에서 용기 내부 잔압이 충전압력의 25% 에 이르면 경보가 작동되도록 규정하고 있다. 게다가 우리의 화재안전기준과 유사한 미국 NFPA는 2013년 개정을 통해 연방규정보다 더 높은 33%의 잔압에서 경보가 울리도록 강화시켰다.[2] 경보음이 울리는 것은 단순히 건물 외부로 빠져나올 시간을 알려주는 것이 아니다. 그때 남은 잔류공기는 대원이 고립되거나 생사의 위험에 직면하여 구조요청 신호를 보냈을 때를 위해 반드시 남겨두어야 하는 공기일 수도 있다.

공기량 과소모 방지에 효과적인 4-4-4-4 호흡법이 있다. 미국에서 개발된 것으로 1부터 4까지 숫자를 세면서 호흡하는 방법인데, 개인에 따라 다르겠지만 참고하면 좋을 것 같아 여기에 옮겨본다.

① 숨을 들이 마실 때 1부터 4까지 숫자를 센다.

② 호흡을 멈추고 1부터 4까지 숫자를 센다.

③ 다시 4까지 숫자를 세면서 숨을 내쉰다.

④ 호흡을 멈추고 1부터 4까지 숫자를 센다.

일본은 더 나아가 퇴출개시가 아닌 퇴출완료 시점에 33%의 잔압을 남겨둘 수 있도록 3분의 1 법칙을 정해놓고 있다.

3분의 1 법칙이란, 공기호흡기 총 공기량의 3분의 1을 사용한 상태(즉, 3분의 2가 남아있는 상태)에서 퇴출을 시작하는 기준을 말한다. 진입활동에 3분의 1을 사용하고 퇴출에 3분의 1을 사용하면 최종 퇴출 완료 시에는 3분의 1이 남게 되는 것이다. 퇴출 거리가 짧거나 퇴출이 용이한 경우, 그리고 활동이 비교적 가벼운 작업인 경우는 상황에 따라 퇴출 시간을 연장할 수 있다고 한다.

---

2) NFPA 1981, Standard on Open−Circuit Self−Contained Breathing Apparatus for the Fire Service

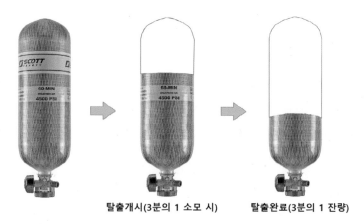

🚶 그림 8-2 일본의 3분의 1 법칙

탈출개시(3분의 1 소모 시)　　　**탈출완료(3분의 1 잔량)**

우리는 이미 대형 복합창고 등의 화재진압 현장에서 대원의 희생을 여러 차례 경험한 바 있다. 대원에게 충분한 탈출시간을 보장해 주어야 한다. 미국이 25%의 잔압에서 33%로 경보작동 시간을 앞당긴 이유를 결코 무시해서는 안 될 것이다.

8.2. 신속동료구조팀(Rapid Intervention Team)

옥내에 진입한 대원이 궁지에 몰렸을 때 신속하게 실내로 투입하여 쓰러진 대원을 구출할 필요가 있다. 이때, 긴급히 개입해 현장에 투입하는 팀을 RIT(Rapid Intervention Team)이라고 부른다. 우리말로 직역하면 '신속개입팀'이지만 보통 **신속동료구조팀**으로 번역되고 있다. 팀 단위가 아닌 대원 단위로 운영될 때는 RIC(Rapid Intervention Crew)라고 한다. 아직 국내에는 생소한 팀이긴 하지만 미국에서는 오래전부터 운영하고 있고 이들을 위한 훈련 표준인 NFPA 1407, Standard for Training Fire Service Rapid Intervention Crews까지 제정되어 있다.

구조 대상은 일반시민 요구조자가 아니라, 활동 중에 궁지에 빠진 소방대원이다. 개인장비를 장착한 대원을 구출하기 위한 구출방법은 요구조자에 대한 방법과는 차이가 있다. 옥내활동 중 방향감각을 잃었거나 공기부족 등의 문제가 발생한 경우, 또는 동료와의 연락이 두절되었거나 동료에게 문제가 있다고 판단되는 사람은 무전으로 "메이데이(MAYDAY)"를 선언할 수 있다. 이때 사고지휘관(Incident Commander)은 메이데이를 인지하고 신속동료구조팀을 투입해야 한다. 메이데이(MAYDAY)와 관련되거나 비상통신으로 간주되는 것을 제외하고 모든 무선통신은 중단되어야 한다. 메이데이에 관련되지 않는 대원은 그들의 임무를 지속할 수 있지만, 가능한 경우 모든 가용인력은 사고지휘관(Incident Commander) 근처에 위치하여 명령을 기다리게 된다. 메이데이 메시지는 다음과 같은 정보로 구성되어야 하는데, 앞 글자를 따서 LUNAR라고 부른다.

- Location(위치)
- Unit(소속 팀)
- Name(이름)
- Air Supply Level(공기 잔량)
- Resources Needed(필요한 자원)

신속동료구조팀(RIT)이 **개입**(Intervention) 또는 투입된다는 것은 궁지에 빠진 동료가 있다는 뜻이며, 이는 현재의 활동환경이 악화되고 있다는 뜻이므로 위험도가 큰 상황이다. RIT 대원으로 선발되는 대원에게는 풍부한 경험과 지식 그리고 기술이 요구되므로 경험이 적은 젊은 대원은 적합하지 않다. 젊은 대원들은 궁지에 몰렸을 때 살아남기 위한 기술 또는 지식으로 **소방관 생존법**(Firefighter Survival)을 익혀야 한다.

신속동료구조팀이 있다고 해서 안심할 수 있는 것은 아니다. 오히려 구출할 수 없는 경우가 더 많고 잘못하면 추가 인명사고가 발생할 수 있다. 해외에서는 궁지에 빠진 동료들을 구하려고 뛰어든 대원들까지 줄줄이 희생된 사례도 비일비재하다.

영화 **분노의 역류**(Backdraft)에 나왔던 "You go, we go."식의 영웅주의나 자기희생 정신 등의 헌신적인 사고만으로는 구출할 수 없다. 감성이 아닌 이성적인 판단으로 "실질적인" 구출 활동이 되어야 한다. 그러기 위해서, 화재현상을 정확히 파악하고 개인이나 팀의 한계를 냉정하게 판단할 수 있는 사람이 적임자라고 여겨지고 있으며 경험과 기술이 요구되는 이유다. 구조기술뿐만 아니라 **화재제어**(Fire Control)의 기술 습득도 필수가 된다.

8.2.1. 실화재훈련 신속동료구조팀

신속동료구조를 위한 **개입**(Intervention)은 화재현장뿐만 아니라 실화재훈련에도 적용된다. 다만, 팀(Team)이 아니라 대원(Crew)이라는 점에 차이가 있다. 미국 MFSI(Maine Fire Service Institute)는 실화재훈련 중 기증자 등으로부터 취득한 건축물의 실화재훈련과 가스 외의 연료를 사용하는 옥내 실화재훈련에는 반드시 2명의 신속동료구조대원(RIC, Rapid Intervention Crew)을 배치하도록 매뉴얼[3]로 정하고 있다. 훈련 중 MAYDAY 선언이 있으면 책임교관이 사고지휘관의 역할을 맡게 된다.

8.3. 제염(Decontamination)

소화활동뿐만 아니라 잔화정리나 완진 이후의 화재조사 중에도 유독가스와 연기입자에 대원들이 노출되고 있다. 화재현장에서 활동할 때는 반드시 공기호흡기(SCBA)를 착용하고, 활동종료 후 방진 마스크와 장갑을 착용하여 가능한 한 유해가스를 흡입 또는 흡수하지 않도록 해야 한다.

---

3) Live Fire Burn Policy, Maine Fire Service Institute, 2019.

화재활동 후에는 오염된 방화복이나 장비 등은 차내에 반입하는 것을 피하고, 가능하면 현장에서, 불가피한 경우 귀소 후 바로 **제염**(Decontamination)할 필요가 있다. 제염은 오염을 제거하는 과정이나 절차를 뜻하며, 유럽에서는 화재시에 방화복 등에 부착되는 오염물질에 대해서 제염을 의무화하고 있는 곳도 있다.

8.3.1. 화재현장에서 발생하는 유해물질

화재현장에서 발생하는 연기나 가스에는 인체에 유해한 물질이 많이 포함되어 있어 소방관의 건강상에 많은 문제가 발생하고 있다. 대표적인 유해물질은 다음과 같다.

- 휘발성 유기화합물(VOC)
- 다환방향족 탄화수소(PAH)
- 시안화수소, 염화수소 등

휘발성 유기화합물(VOC)이란 상온·상압에서 대기 중에 휘발하는 유기화합물을 총칭하는 것으로 벤젠이나 톨루엔 등이 포함된다. 휘발성 유기화합물은 통풍이 잘되는 장소에서 대기 중으로 방출시킬 수 있지만, 인체에 흡수되는 양의 90%는 호흡을 통해 이루어진다고 하니 화재현장에서 공기호흡기와 방진·방독마스크의 착용은 중요하다. 특히, 벤젠이나 포름알데히드는 고발암성으로 확인되었으며 국제암연구소(IARC)에서 발암성 제1A그룹으로 분류하고 있다.

다환방향족 탄화수소(PAH)는 다수의 방향족 고리구조로 결합된 탄화수소의 총칭으로 가장 광범위한 유기오염물질 중 하나다. 분자량이 커서 쉽게 휘발되지 않는 특징을 가지고 있어 부유성 입자상의 오염원이 되고 있다. 특히, 디젤의 배기가스에도 많이 포함되어 있으므로 차고 내 방화복과 장비 보관에 주의가 필요하다. **시안화수소**는 휘발성이 높고 저온에서도 중독성이 높은 물질로 화재현장에서 일산화탄소와 함께 급성중독을 일으키는 요인이 되고 있다.

문제는 이 물질들이 실화재훈련 중에도 발생하고 방화복뿐만 아니라 공기호흡기(SCBA)나 개인보호장비(PPE) 등에도 부착된다는 점이다. 화재현장은 물론, 실화재훈련에 사용한 방화복이나 장비는 오염된 것으로 간주하여야 한다.

8.3.2. 실화재훈련 시 발생하는 유해물질

화재 시 발생하는 열과 연기 등의 연소생성물은 소방대원에게 치명적인 손상을 입힐 수 있다. 고온의 열기에 노출되면 혈액순환이 빨라지고 심한 통증이나 화상을 입을 수 있으며 금방 화상을 입지 않아도 긴 시간 노출에 의해서도 열 스트레스가 발생한다. 열적 손상 외에도 화재현장에는 수많은 유해물질이 발생한다. 연소반응에 의한 생성물과 미처 연소되지 못한 열분해 생성물은 화재현장뿐만 아니라 실화재훈련에서도 발생한다. 최근에는 접착제 등 약품 처리된 가공목재를 사용하거나 철거예정인 건물을 기증받아 진행하는 실화재훈련 중 많은 유해물질이 확인되고 있다.

2020년 국립소방연구원에서 실화재훈련에 사용되는 베니어합판, 파티클보드, MDF, OSB[4] 등 4종류의 가공목재를 대상으로 연소실험을 진행하였다.[5] 그 결과 벤젠, 포름알데히드, 시안화수소, 염화수소, 황산 등의 급성독성 및 발암성 물질이 기준치 이상 검출되었다. 이는 훈련생과 교관의 유해물질 노출위험을 확인하는 계기가 되었다.

국립소방연구원은 압축목재 대신, 원목이나 파렛트, 톱밥, 긴초 등을 사용할 것을 권고하고 있다. 그러나 플래시오버 등의 구획화재 성상을 구현하기 위해서는 높은 에너지의 열과 연기가 필요하기 때문에 이를 따르기는 힘들 것으로 보인다. 다만, 압축목재 중 OSB의 경우 최근 미국에서 실화재훈련의 연료로 사용하지 못하도록 NFPA 1403을 개정하자는 논의가 한창 진행 중이라고 하니

---

4) OSB(Oriented Strand Board) 접착제를 이용해 목재칩을 수직으로 압착해 만든 가공목재. 실화재훈련에 많이 사용해왔으나 발암물질인 PAH(다환 방향족 탄화수소)를 다량 함유하고 있어 최근 퇴출이 거론되고 있다.

5) 실화재훈련장 유해환경 분석 및 인체노출 차단방안 연구, 국립소방연구원, 2020.

국내에서도 참조할 필요가 있을 것이다.

8.3.3. 제염방법

그림 8-3   물티슈를 이용한 제염

유해물질로부터 대원의 건강과 안전을 지키기 위해 조직은 안전수칙을 마련하고 대원은 이를 준수하는 조직문화가 절실하다. 일본과 유럽에서 권장하는 수칙을 몇 가지 옮겨보면 아래와 같다.

- 화재진압과 잔화정리는 반드시 공기호흡기를 착용하고 수행한다.
- 방화두건은 유해물질의 침투성이 높다. 한 번 사용한 방화두건은 반드시 교체한다.
- 화재작업 후 현장에서 물로 방화복을 제염하고, 물티슈를 이용해 얼굴과 목 그리고 손 부분의 오염물질을 제거한다.
- 방화복 제염은 공기호흡기 용기의 남은 공기나 에어콤프레셔의 압축공기를 이용하지 않는다.

- 심하게 오염된 개인보호장비는 차내 경방석에 반입하지 않으며, 소방차량의 경방석은 정기적으로 청소한다.
- 귀소 후 방화복은 내피를 분리하여 별도로 세탁한다.
- 오염된 장갑을 안전모(헬멧) 안에 보관하지 않는다.
- 연소생성물에 노출된 후에는 가능한 한 빨리 샤워를 한다.
- 오염된 방화복 착용상태로 사무실 등에 입실하지 않는다.
- 차고지 내에서는 가급적 소방차량을 공회전하지 않는다.

화재진압에 사용한 방화복과 개인안전장비는 오염된 상태로 간주한다. 이들을 그대로 차량에 수용하면 차량도 오염되고, 귀소 후 제염 없이 청사에 들어가면 청사 내에 유해물질을 반입하게 되어 교차오염으로 이어질 수 있다. 이를 방지하기 위해 방화복과 장비의 제염이 필요하다. 제염은 화재현장에서 실시하는 것이 가장 좋지만 불가피하다면 귀소 후라도 가능하다. 제염방법은 다음과 같다.

① 방화복을 탈의하기 전에 먼저 방수를 통해 방화복과 장비에 묻어있는 오염물질을 씻어 낸다. 이때 호흡은 공기호흡기를 장착한 채로 양압공기를 호흡하고, 방수는 머리에서 발끝까지 위에서 아래로 물이 흘러가도록 하며 여러 방향에서 시행한다. 고압방수는 오염물질을 방화복 속으로 밀어 넣을 수 있으므로 되도록 낮은 압력으로 물이 표면에 흘러가도록 한다.

② 오염물질을 씻어 낸 후 방화복을 탈의하고 휴대장비를 분리한다. 공기호흡기(SCBA)를 벗은 뒤에는 호흡기나 피부를 통한 휘발성유기화합물(VOC)의 흡수를 막기 위해 신속하게 방진마스크와 고무장갑을 착용한다.

③ 탈의한 방화복이나 휴대장비는 통풍이 잘되는 외딴 곳에 놓아둔다. 30분 정도 방치하는 것만으로도 VOC의 대부분을 휘발시킬 수 있다. 방수 세척이 끝난 후 휴대용 물티슈 등을 사용하여 얼굴, 목, 손과 같이 신체

의 노출부위를 닦아준다.

④ 귀소할 때, 오염이 심한 방화복은 경방석이 아닌 장비수납 공간에 별도로 보관하는 것이 좋고, 귀소 후 필요한 경우 장비를 세척하고 방화복을 세탁한다. 또한 신체가 흡수하는 유해물질의 10%는 피부로 흡수된다고 하니, 가능하면 샤워와 양치질을 하는 것이 좋다.

그림 8-4   화재진압 후 방화복 제염

8.4. 회복지원(Rehabilitation)

격렬한 육체적 활동이 필요하거나 고온 또는 저온상황의 노출이 예상되는 모든 현장은 대원에게 적절한 휴식과 재충전의 과정이 필요하다. 그 과정을 회복지원(Rehabilitation)이라 하며, 미국의 거의 모든 소방당국은 현장대원의 회복지원을 위한 SOP를 제정해두고 있다. 회복지원은 의학적 검사, 응급처치와 모니터링, 음식과 음료보충, 정신적 휴식 그리고 극심한 기후조건과 사고로 인한 여타 변수들로부터의 휴식보장 등을 다루고 있으며 기본인명소생술(BLS) 이상의 응급의료서비스 제공을 포함하고 있다. 미국 USFA(United Stated Fire

Administration)의 Emergency Incident Rehabilitation SOP 샘플 내용 중 일부를 참조하여 회복지원 과정을 소개한다.

8.4.1. 회복지원구역 설치

현장지휘관은 현장의 상황을 고려하여 임무수행 또는 훈련 중인 대원들에게 휴식과 회복이 필요하다고 판단되면 즉시 회복지원구역을 설치하고 담당관리자를 지정한다. 회복담당관으로 지정받은 자는 현장지휘 체계에서 현장지휘관에게 보고의무를 가진다.

회복지원구역은 사고의 규모나 소요시간 그리고 작업의 강도 등을 고려하여 설치한다. 고려 대상에는 현장의 기후조건도 예외가 아니다. **열 스트레스 지수**(Heat Stress Index)[6])가 90을 상회하거나 **바람냉각 지수**(Wind Chill Index)가 10 아래로 떨어질 때는 회복지원구역을 운영하여야 한다. 국내 소방에서는 열 스트레스지수와 바람냉각 지수는 아직 생소한 개념이다. 쉽게 말하자면, 열 스트레스 지수는 여름철 체감온도를, 바람냉각 지수는 겨울철 체감온도를 나타낸다고 이해하면 될 것 같다.

[표 8-1]은 US Fire Administration에서 제시한 열 스트레스 지수[7])에 섭씨온도를 추가해 옮겨 놓은 것으로 온도와 상대습도가 만나는 지점에 표시된 숫자가 곧 열 스트레스 지수다. 정도에 따라 정상(None), 주의(Caution), 매우 주의(Extreme caution), 위험(Danger), 매우 위험(Extreme danger)으로 구분한다. 같은 온도라도 습도가 높을수록 열 스트레스(Heat stress)가 상승하는 것을 확인할 수 있다.

- **주의**(열 스트레스 지수 80~90): 신체적 활동이나 노출이 지속되는 경우 피로를 느낄 수 있는 환경 ※ 야외훈련 가능

---

6) 열 스트레스 지수(Heat Stress Index): 평균적인 사람이 몸을 식히기 위해 땀을 흘릴 수 있는 최대 능력(체액 증발)과 관련하여 부담이 될 수 있는 지수를 말한다. 열스트레스 지수가 높으면 인간은 열 스트레스를 경험할 수 있으며, 스스로 체온 조절이 불가하여 위험한 상황을 초래할 수 있다. (출처: 대한건축학회 건축용어사전)

7) Emergency Incident Rehabilitation SOP(2008), Table 4.1 Heat Stress Index

표 8-1　Heat Stress Index(열 스트레스 지수)

온도 (℉)	온도 (℃)	상대습도(Relative Humidity)								
		10%	20%	30%	40%	50%	60%	70%	80%	90%
104	40.0	98	104	110	120	132				
102	38.9	97	101	108	117	125				
100	37.8	95	99	105	110	120	132			
98	36.7	93	97	101	106	110	125			
96	35.6	91	95	98	104	108	120	128		
94	34.4	89	93	95	100	105	111	122		
92	33.3	87	90	92	96	100	106	115	122	
90	32.2	95	88	90	92	96	100	106	114	122
88	31.1	82	86	87	89	93	95	100	106	115
86	30.0	80	84	85	87	90	92	96	100	109
84	28.9	78	81	83	85	86	89	91	95	99
82	27.8	77	79	80	81	84	86	89	91	95
80	26.7	75	77	78	79	81	83	85	86	89
78	25.6	72	75	77	78	79	80	81	83	85
76	24.4	70	72	75	76	77	77	77	78	79
74	23.3	68	70	73	74	75	75	75	76	77

- 매우 주의(열 스트레스 지수 91~105): 활동과 노출이 계속될 경우, 열경련이나 일사병이 발생할 수 있어 매우 주의가 필요한 상황
  ※ 현장활동 시 회복지원구역 설치 필요, 야외훈련은 충분한 휴식을 보장하되, 열 스트레스 지수가 100을 상회하면 자제한다.
- 위험(열 스트레스 지수 106~130): 활동과 노출이 지속될 경우, 열경련이나 일사병 확률이 높고 열사병도 발생할 수 있는 환경 ※ 야외훈련 금지
- 매우 위험(열 스트레스 지수 130 초과): 열사병 발생이 임박한 극도로 위험한 상황

다음은 바람냉각 지수(Wind Chill Index)를 살펴보자. 고온 환경은 습도가 영향을 준다면, 저온 환경은 바람의 영향을 받기 때문에 풍속에 따라 체감하는 온도는 다를 수밖에 없다.

바람냉각 지수 또한 US Fire Administration에서 제시하는 Wind Chill chart[8])에 국내에서 사용하는 단위를 추가하였다. 바람냉각 지수[9])는 A부터 C까지 세 개의 등급으로 구분한다. 같은 온도라 하더라도 풍속이 증가하는 경우 체

표 8-2 Wind Chill chart(바람냉각 지수)표

온도 (°F)	온도 (°C)	풍속(MPH)								
		5MPH 8km/h	10MPH 16km/h	15MPH 24km/h	20MPH 32km/h	25MPH 40km/h	30MPH 48km/h	35MPH 56km/h	40MPH 64km/h	45MPH 72km/h
40	4.4	36	34	32	30	29	28	28	27	26
35	1.7	31	27	25	24	23	22	21	20	19
30	-1.1	25	21	19	17	16	15	14	13	12
25	-3.9	19	15	13	11	9	8	7	6	5
20	-6.7	13	9	6	4	3	1	0	-1	-2
15	-9.4	7	3	0	-2	-4	-5	-7	-8	-9
10	-12.2	1	-4	-7	-9	-11	-12	-14	-15	-16
5	-15	-5	-10	-13	-15	-17	-19	-21	-22	-23
0	-17.8	-11	-16	-19	-22	-24	-26	-27	-29	-30
-5	-20.6	-16	-22	-26	-29	-31	-33	-34	-36	-37
-10	-23.3	-22	-28	-32	-35	-37	-39	-41	-43	-44
-15	-26.1	-28	-35	-39	-42	-44	-46	-48	-50	-51
-20	-28.8	-34	-41	-45	-48	-51	-53	-55	-57	-58
-25	-31.6	-40	-47	-51	-55	-58	-60	-62	-64	-65
-30	-34.4	-46	-53	-58	-61	-64	-67	-69	-71	-72
-35	-37.2	-52	-59	-64	-68	-71	-73	-76	-78	-79

8) Emergency Incident Rehabilitation SOP(2008), Table 3.2 Wind Chill chart

9) 바람냉각 지수(Wind Chill Index): 바람에 의하여 한랭한 대기환경의 조건이 급속히 조성되어 체온을 정상 수준의 온도 이하로 떨어지게 하는 정도를 알려주는 지수이다. 기온과 풍속에 영향을 받는 쾌적함의 체감정도를 나타내지만, 극지방·고산지대·한랭지대의 추운 날 실외작업의 위험도를 측정하는 데 중요한 지수이다. (출처: 기상학백과)

감온도는 더 내려가는 것을 [표 8-2]에서 확인할 수 있다.

- A등급(바람냉각 지수 −24 이상) ※ 야외훈련 가능. 그러나 지수가 10 이하일 경우 회복지원구역 운영
- B등급(바람냉각 지수 −25~−75): 동상을 입을 수 있는 위험이 증가하는 기후 ※ 야외훈련 금지
- C등급(바람냉각 지수 −75 미만): 30초 이내에 동상이 걸릴 수 있는 아주 위험한 환경

8.4.2. 회복지원구역 위치 선정(Location)

회복지원구역의 위치는 일반적으로 현장지휘관이 선정한다. 만약 특정 위치가 선정되지 않았다면 회복담당관이 아래의 조건을 고려하여 적절한 위치를 선택할 수 있다.

- 현장작업 또는 훈련과정의 위험으로부터 떨어져 신체의 회복을 가능하게 할 수 있는 육체적 휴식이 가능한 곳
- 가능한 현장으로부터 떨어져 대원들이 안전하게 방화복이나 공기호흡기를 탈의할 수 있어야 하고 현장작업이나 훈련과정의 스트레스나 압박감으로부터 벗어나 정신적 휴식이 가능한 곳
- 날씨 등 주위 환경으로부터 적정한 보호를 제공할 수 있는 곳
- 소방차량 및 장비의 배기가스에 노출될 우려가 없는 곳
- 사고현장의 규모를 고려한 적정인원의 수용이 가능한 곳
- 구급대원이 쉽게 접근할 수 있는 곳
- 회복이 끝난 후, 사고현장으로 재투입이 용이한 곳

8.4.3. 자원(Resources)

회복지원구역의 운영을 위해서는 적정한 인원과 물품이 필요하다. 2022년

우리 소방청에서 제정한 소방보건관리 표준지침은 현장대원의 회복지원을 위하여 시·도 소방기관장은 현장회복지원팀(전담 회복지원차량 및 인원)을 운영할 수 있도록 규정하고 있으며 전담차량의 물품을 다음과 같이 예시하고 있다.

☞ 이동식 텐트, 의자, 팬, 생수, 이온음료, 에너지바 등의 열량식, 오염제거용 물티슈, 얼음 팩 등을 포함한 아이스박스

또한 실화재훈련장을 운영하는 소방기관은 훈련장 인근에 회복시설을 설치하고 식음료, 냉장고, 냉난방기와 혈압계, 청진기, 산소소생기, 심전도모니터, 정맥주사용 수액, 체온계 등의 의료기기 등을 갖출 수 있다.

8.4.4. 수분공급(Hydration)

열손상 방지에 있어서 결정적인 요소는 수분과 전해질이다. 특히 훈련이나 현장활동에 있어서 물은 반드시 보충되어야 한다. 일사병인 경우에 대원은 적어도 시간당 1리터 이상의 물을 섭취하여야 한다. 탈수방지를 위해 물과 시중에 나와 있는 스포츠음료를 반반 섞어 4 내지 5℃ 온도에서 투여하는 것이 좋다. 탈수방지는 추운 날씨에도 필요하다. 방화복을 착용할 경우, 외부 온도와 상관 없이 화재진압 중이거나 격렬한 활동 중에 일사병이 발생할 수 있기 때문이다. 그리고 일사병에 있어서 신체의 수분유지 메커니즘을 방해할 수 있는 알콜이나 카페인 음료, 탄산음료는 피해야 한다.

연구결과에 따르면 체질량 1%에 해당하는 체액손실은 체온조절을 방해하며, 체질량 2%에 해당하는 체액손실은 인지기능, 반응시간, 단기기억을 손상시킬 수 있으며 체질량 3~4%의 체액손실은 근지구력을 감소시킨다고 한다. 영국 CFOA(Chief Fire Officers Association)는 실화재에 반복 노출되는 CFBT 교관들의 수분공급 가이드라인을 아래와 같이 제시한다.[10]

▪ 열 노출 2시간 전 500mL

---

10) Health Management of Compartment Fire Behaviour Instructors, p.13.

- 열 노출 15분 전 300mL
- 열 노출 훈련 중 20분마다 200mL
- 열 노출 종료 후 30분 이내 1리터

미국이나 호주에서는 현장활동이나 훈련 중 소방대원의 탈수(체액손실) 여부를 점검하는 손쉬운 방법으로 소변의 색을 이용하기도 한다. 미국 TEEX Emergency Services Training Institute에서 제공하는 소변 색 비교표(그림 8-5)를 참고하기 바란다.

그림 8-5 소변 색으로 판별하는 탈수점검표

Urine Color (소변 색)	H2O Level	Next Steps	
CLEAR	정상	2시간 동안 약 1리터 섭취	2 HOURS
LIGHT YELLOW	정상	1시간 동안 약 1리터 섭취	1 HOUR
YELLOW	탈수	30분 이내에 약 1리터 섭취	30 MIN
BRIGHT YELLOW	탈수	15분 이내에 약 1리터 섭취	15 MIN
DARK YELLOW	심한 탈수	즉시 1리터 섭취	NOW

출처: https://teex.org/wp-content/uploads/Hydration_Guide.pdf

8.4.5. 영양보충(Nourishment)

현장활동이 3시간 또는 그 이상 길어지는 경우는 현장에서 음식을 제공할 수 있어야 한다. 샌드위치나 패스트푸드 보다는 소화가 빠른 수프나 따뜻한 육수가 좋다. 사과, 오렌지, 바나나 같은 과일도 에너지 회복을 위한 보충영양소를 제공할 수 있다. 그러나 기름기 있는 음식이나 짠 음식은 피하는 것이 좋다.

8.4.6. 휴식(Rest)

휴식시간 제공기준으로 '공기통 2개 원칙' 또는 '45분 작업' 기준이 적용될 수 있다. 30분 용량의 공기용기 2개를 소모하거나 45분간 연속 작업을 하였을 경우엔 즉시 회복지원구역에서 휴식과 검사를 받도록 하는 기준이다. 대원들은 공기호흡기 용기를 교체하는 동안에 적어도 250mL의 물을 마시도록 한다. 대원의 피로도에 대한 객관적인 평가에 따라 회복기간은 조정될 수 있지만, 휴식 시간은 최소 10분 이상이어야 하며 회복담당관의 결정에 따라 한 시간을 초과할 수도 있다. 피로한 대원이 회복담당관으로부터 검사를 받고 휴식시간을 갖는 동안 이미 회복을 마친 대원이나 새로운 대원이 대신 투입되도록 한다.

8.4.7. 회복(Recovery)

회복지원을 받는 동안 대원들은 충분한 물을 마셔 고도의 수분 흡수상태를 유지하도록 해야 한다. 더운 곳에서 작업하던 대원은 에어컨이 가동되는 차가운 지역에 곧바로 들어가서는 안 된다. 갑자기 차가운 곳에 들어서면 신체의 냉각 시스템이 마비될 수 있기 때문이다. 에어콘을 사용할 때는 그 이전에 상온의 충분한 공기흐름이 있는 곳에서 몸을 식힌 후에 사용하도록 하는 것이 좋다. 이를테면, 선풍기 바람으로 먼저 몸을 식힌 후에 에어컨을 사용하도록 할 수 있을 것이다. 그리고 신체의 발한기능에 장애를 일으킬 수 있는 액티페드(Actifed) 또는 베나드릴(Benadryl)과 같은 항히스타민제를 복용하지는 않았는지 아니면 이뇨제나 흥분제를 먹었는지 세심한 주의가 필요하다.

8.4.8. 의학적 검사(Medical Evaluation)

최소한 BLS(기본인명소생술) 이상의 자격을 갖춘 구급대원으로 하여금 응급의료서비스를 제공할 수 있어야 한다. 구급대원은 생체징후 등을 측정, 검사하여 대원들의 재배치(임무복귀, 회복연장, 응급처치 또는 병원이송) 판단에 적정을 꾀할 수 있으며, 무엇보다도 활동 중인 대원에게 발생하는 신체적 문제를 조기에 발견해 낼 수 있다.

8.5. 경계구역 설정(Fire Ground Zoning)

화재현장은 많은 유해물질이 발생한다. 최근 해외 연구에서, 화재진압 중 구획실 내부는 물론, 주변의 부유입자와 퇴적물, 그리고 대원의 피부나 의복의 부착물, 소변검사, 혈액검사 등을 시행한 결과 벤젠, 톨루엔, 다이옥신, 불화수소, 브롬화수소, 알데히드, 이소시아네이트, 다환방향족 탄화수소 등이 검출되었다고 한다.

이러한 유해물질에 노출되는 소방대원의 발암 확률은 상당히 높다. 소방대원의 암 발병을 예방하기 위해서는 장비세척, 방화두건 교체, 샤워 등 앞에서 살펴본 제염의 중요성은 아무리 강조해도 지나치지 않다. 그러나 제염은 이미 오염된 후 이를 제거하는 후처리에 불과하다. 그보다는 사전에 오염물질의 노출을 줄이고 예방하는 노력과 조치가 필요하다. 사고현장의 경계구역 설정도 사전에 오염기회를 줄이는 하나의 예방책이 될 수 있다.

화재사고든 화학사고든 그 현장에는 경계구역 설정이 필요하다. 우리는 경계구역을 일반인의 통제를 위한 통제구역으로 받아들이지만, 서구에서는 현장의 위험요소로부터 대원을 보호하는 것이 경계구역 설정(Zoning)의 가장 큰 목적이다. 특히 유해가스로부터의 노출을 사전에 차단하는 가장 유효한 방법으로 인식하고 있으며 이는 실화재훈련도 마찬가지다.

경계구역(Zoning)은 핫존(Hot Zone), 웜존(Warm Zone), 콜드존(Cold Zone)으로 구분해 설정한다. 핫존(Hot Zone)은 생명과 건강에 위험한 유해물질에 노출될 가능성이 가장 높은 지역이다. 화재진압, 인명검색과 구조, 벤틸레이션, 방면

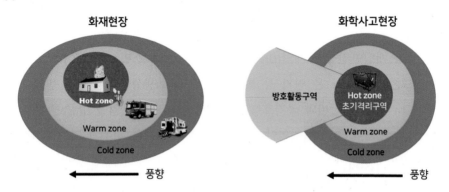

그림 8-6 사고현장 경계구역 설정

화재현장

Hot zone

Warm zone

Cold zone

← 풍향

화학사고현장

방호활동구역

Hot zone
초기격리구역

Warm zone

Cold zone

← 풍향

지휘 등이 이루어지는 곳이다. 이 구역의 위험은 IDLH(Immediate Danger to Life and Health), 즉 생명과 건강에 대한 즉각적인 위험으로 통용되고 있다. 핫존(Hot Zone) 내에 있는 모든 이들은 공기호흡기와 방화복 등의 개인보호장비를 착용하여야 한다.

웜존(Warm Zone)은 오염의 정도가 감소된 곳으로 핫 존과 콜드 존 사이의 중간 지역이다. 일부 현장활동 지원기능과 오염제거 작업이 여기에서 이루어진

표 8-3 실화재훈련장의 경계구역 설정

구분		장소	비고
Hot Zone (Exclusion Zone)	훈련 지역	실화재훈련장 내부 또는 훈련시설 직근	• 개인보호장비 착용 • 공기호흡기(양압호흡) • 교관과 훈련생만 출입가능
Warm Zone (Contamination Reduction Zone)	준비 지역	장비 등의 훈련준비와 훈련투입 대기 공간	• 개인보호장비 착용 • 공기호흡기(대기호흡) 또는 전면마스크 착용 • 1차 방화복 · 장비 제염
Cold Zone (Support Zone)	회복 지역	디브리핑 및 회복공간 (휴식, 수분보충 등)	• 개인보호장비 불필요 • 2차 신체 제염 • 회복센터 운영

다. 적절한 수준의 호흡보호 및 개인안전장비 착용을 보장하기 위해 지속적인 모니터링이 이루어져야 하는 곳으로 안전점검관(Safety Officer)이 위치하는 곳이며, 신속동료구조팀도 이 영역에 대기한다. 콜드존으로 이동하는 소방관들의 방화복 등의 개인안전장비 제염(Gross Decontamination)이 필요한 곳이다.

콜드존(Cold Zone)은 연기 등 화재로 인한 연소생성물의 영향을 받지 않는 영역이다. 개인안전장비와 공기호흡기의 장착이 필요하지 않을 만큼 웜존(Warm Zone)과는 충분히 떨어져 있어야 한다. 지휘관의 통제와 지휘가 가능한 장소이며, 대원의 휴식과 대기, 응급의료 및 회복센터의 운영이 이루어지는 곳이다.

화재사고 현장은 주위환경에 따라 변화가 큰 역동적인 현장이다. 이에 따라 경계구역도 언제든 변경이 가능해야 한다. 사고의 규모에 따라, 바람의 방향과 속도에 따라 경계구역은 확장되거나 축소될 수도 있다.

실화재훈련장도 경계구역을 설정할 필요가 있다. 핫존(Hot Zone)은 실화재를 발생시키는 위험지역으로서 훈련이 이루어지는 훈련지역이 되고, 웜존(Warm Zone)은 준위험지역으로서 장비를 세팅하고 대기하는 준비지역, 콜드존(Cold Zone)은 안전한 지역으로서 회복지원구역 운영과 디브리핑이 이루어질 수 있는 곳이다.

※ 울산특수재난훈련센터 조감도(2024년 완공)

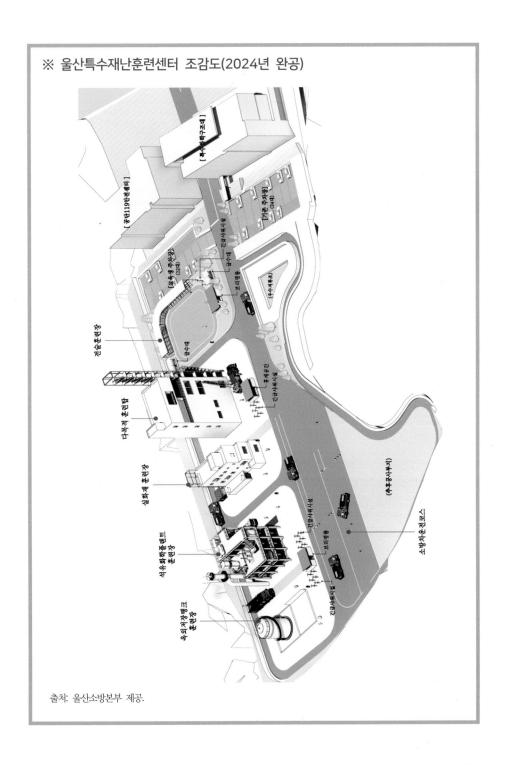

출처: 울산소방본부 제공.

참 고 문 헌
Bibliography

- *2019년 신임교육과정 소방전술III(화재3), 중앙소방학교, 2018.*
- *사고피해예측 기법에 관한 기술지침의 허용설계기준 별표1 복사열의 영향 판단 표 (KOSHA GUIDE P−102−201).*
- *소방 보건관리 표준지침 제정안, 소방청, 2022.*
- *소방시설 등의 성능위주설계 방법 및 기준, 소방청고시 제2017−1호, 2017. 7. 26.*
- *실화재훈련장 유해환경 분석 및 인체노출 차단방안 연구, 국립소방연구원, 2020.*
- *옥내소화전설비의 화재안전기준 해설서, 소방청, 2013.*
- *화재공학원론 제2판*, James G. Quintiere, 김수영 외 공역, 구미서관.
- *화재역학 및 화재패턴, 이창욱, 미르, 2007.*
- *화재진압 교육훈련시설 설치기준의 필요성 및 내용에 관한 연구, 송우승·함승희·윤명오, 서울시립대, 2014.*
- *화재진압분야 교육훈련 프로그램, 소방청, 2018.*
- 10 Years of CFBT, Dario Gaus(IFIW 2017 Hon Kong), 〈http://www.cfbt−be.com/images/IFIW/2017/CFBT_10years.pdf〉 (접속일: 2022. 7. 13)
- *Calculation Methods for water flows used for fire fighting purposes*, SFPE Technical Publication−TP 2004/1.
- *Characterization of a Live Fire Training Simulator for use in the Canadian Fire Service*, Randall Geoffrey 〈https://uwspace.uwaterloo.ca/bitstream/handle/10012/15999/Randall_Geoffrey.pdf〉 (접속일 2022. 5. 20.)
- *DIN 14097 Firefighter training facilities Part 2−Gas fuelled simulation device*, German Institute for Standardization.
- *Emergency Services Ergonomics and Wellness*, United States Fire Administration,

2020.

- *Emergency Incident Rehabilitation*, US Fire Administration, 2008. 〈https://www. usfa.fema.gov/downloads/pdf/publications/fa_314.pdf〉 (접속일 2022. 3. 2.)
- *Enclosure fires*, Bengtsson Lars–Goran, Sweedish Rescue Services Agency 〈https://www.msb.se/RibData/Filer/pdf/20782.pdf〉 (접속일: 2021. 12. 6.)
- *Enclosure Fire Dynamics*, Bjorn Karlsson & James G. Quintiere, CRC Press, 2000 〈https://vdoc.pub/download/enclosure–fire–dynamics–2tthg5nqeh20〉 (접속일 2022. 9. 17.)
- *ESSENTIALS of fire fighting and fire department operations, 5 edition*, The International Fire Service Training Association, 2008.
- *Euro Firefighter 2*, Paul Grimwood, D&M Heritage Press, 2017.
- *Fire Dynamics for Firefighters 2nd Edition*, Benjamin Walker, Shan Raffel, 2021.
- *Fire Ventilation*, Stefan Svensson, Swedish Civil Contingencies Agency, 2020.
- *Flame Spread and Fire Behavior in a Corner Configuration*, Davood Zeinali 〈https://www.researchgate.net〉 (접속일 2021. 12. 10.)
- *Fundamentals of Fire Fighter Skills, Second Edition*, Jones & Bartlett Publishers, 2009.
- *Guidance for Compartment Fire Behaviour Training*, National Directorate for Fire and Emergency Management, 2010 〈https://www.google.co.kr/url?sa=t&rct=j&q= &esrc=s&source=web&cd=&ved=2ahUKEwio−7−Cnpv6AhVZY94KHc1−CV4 QFnoECAgQAQ&url=https%3A%2F%2Fassets.gov.ie%2F117515%2Ff7837ff6−4d4d −413f−a9cb−56d088f351b3.pdf&usg=AOvVaw2xNTXgfOy6jySmE4aiaO_D〉 (접 속일: 2021. 5. 10)
- *Health Management of Compartment Fire Behaviour Instructors*, Chief Fire Officers Association, 2016 〈https://www.google.co.kr/url?sa=t&rct=j&q=&esrc= s&source=web&cd=&ved=2ahUKEwio−7−Cnpv6AhVZY94KHc1−CV4QFnoEC BoQAQ&url=http%3A%2F%2Fwww.cfoa.org.uk%2Fdownload%2F65892&usg=AO vVaw3Y4Qh7MogDYqG_p−qvKKbX〉 (접속일: 2022. 4. 22.)
- *Little drops of water: 50 years later, part 1*, Andres A. Fredericks, 2000
- *Live Fire Burn Policy*, Maine Fire Service Institute, 2019 〈https://www.mainefirechiefs. com/documents/MFSI−Burn−Policy.pdf〉 (접속일: 2021. 5. 10.)
- *Live Fire Training Principles and Practice, First edition revised*. Jones & Bartlett

Publishers, 2016.

- *NFPA 1142 Standard on Water Supplies for Suburban and Rural Fire Fighting*, National Fire Protection Association,1999.

- *NFPA 1402 Standard on Facilities for Fire Training and Associated Props*, National Fire Protection Association, 2019.

- *NFPA 1403 Standard on Live Fire Training Evolutions*, National Fire Protection Association, 2018.

- *Structural Firefighting Fundamentals of Fire and Combustion* 〈https://guides.firedynamicstraining.ca/g/structural−firefighting−fundamentals−of−fire−and−combustion〉 (접속일:2022. 5. 25.)

- *The Art of Reading Fire*, Bjorn Ulfsson, CTIF(International Association of Fire and Rescue Services, 〈https://www.ctif.org/news/art−reading−fire〉 (접속일 2001. 12. 10.)

- *The Flashover Phenomenon*, Drager Inc., 2019, 〈https://www.draeger.com/Library/Content/fire−flashover−wp−9108654−us−1912−1.pdf〉 (접속일 2022. 8. 22.)

- *Theory for Fire Tactics 消化戰術理論*, イカロス出版株式會社, 2021.

- *Tactical Firefighting*, Paul Grimwood, Koent Desmet, 2003. 〈http://www.olerdo−la.org/documentos/cemac−kd−pg−2003.pdf〉 (접속일 2022. 6. 7.)

- *U.S. Firefighterr Deaths Related to Training, 2009-2018*, National Fire Protection Association, 2020, 〈https://www.nfpa.org/−/media/Files/News−and−Research/Fire−statistics−and−reports/Emergency−responders/OSUSFirefighterDeaths RelatedTraining.ashx〉 (접속일 2022. 5. 20.)

- *Water and other extinguishing agents*, Stefan Sardqvist, Swedish Rescue Services Agency, 2002.

- *Water Supplies for Suburban and Rural Fire Fighting - NFPA 1142 and more*, Jim Sephton 〈https://mboa.mb.ca/uploads/files/NFPA%201142%20Water%20Supply%20−%20Jim%20Sephton(1).pdf〉 (접속일 2022. 4. 28.)

찾 아 보 기
Index

임주열

· 울산소방본부 특수재난훈련센터 준비단 근무(現)
· 강원대학교 석사(소방방재공학)
· 미국 오클라호마대학 석사(Fire & Emergency Management Administration)

[경력]
· 현대해상화재보험 근무
· 울산남부소방서 소방사 임용
· 울산소방본부 특수화학구조대 근무
· 울산남부소방서 여천119안전센터장 근무
· 울산남부소방서 무거119안전센터장 근무

[교육·훈련·연구]
· H2K(네덜란드), Atmospheric Storage Tank & Tank Bund Firefighting 과정 수료
· SCDA(싱가포르), International Haz-Mat Response 과정 수료
· UPMC(University of Pittsburgh Medical Center) EMT-I 과정 수료
· 강원도소방학교 CFBT 실화재훈련(CFBT Level I) 과정 수료
· 대형 유류저장탱크 전면화재 대응을 위한 대용량포방사시스템 연구
  (한국화재소방학회 논문지, 제33권 제6호, 2019년)

구획화재의 이해와 전술

초판발행	2023년 2월 10일
중판발행	2023년 4월 10일
지은이	임주열
펴낸이	안종만·안상준
편 집	전채린
기획/마케팅	정성혁
표지디자인	Ben Story
제 작	고철민·조영환
펴낸곳	(주)박영사

서울특별시 금천구 가산디지털2로 53, 210호(가산동, 한라시그마밸리)
등록 1959. 3. 11. 제300-1959-1호(倫)

전 화	02)733-6771
f a x	02)736-4818
e-mail	pys@pybook.co.kr
homepage	www.pybook.co.kr
ISBN	979-11-303-1673-4 03530

정 가   22,000원